과학의 경계와 지평:

과학철학적 담론

Horizons and Boundaries of Science

과학의 경계와 지평: 과학철학적 담론

김 웅 진 편저

HU:iNE

머리글

이 책에 수록된 일곱 편의 글 가운데 서론을 제외한 나머지 여섯 편은 편자 김웅진의 강좌《사회과학철학세미나》에 참여한 한국외국어대학교 대학원 정치외교학과 박 · 석사과정 학생들이 작성한 과학철학적 담론들이다. 과학적 지식과 그 생산경로에 대한 과학철학적 사색의 부재야말로 우리 사회과학연구의 가장 큰 취약성이라는 점을 고려할 때, 이 글들은 과학행위의 본질에 관한 젊은 사회과학도의 신선한 성찰을 반영한다는 측면에서 학문적 가치가 있다고 판단되어 책으로 묶기로 했다.

역동성을 상실하고 정체에 빠져있는 우리 인문사회과학연구, 특히 그 인식론적 · 방법론적 기반에 대한 연구를 새롭게 추동하기 위해 책을 기꺼이 출간해 주신 한국외국어대학교출판부에 깊은 사의를 표한다. 아무쪼록 이 책이 지금 이 시간에도 답답한 연구실에 스스로를 가둔 채 연구에 몰두하고 있는 사회과학도들에게 잠깐이나마 낯설고 색다른 사색의 즐거움을 제공할 수 있기 바란다. 아울러 자유로운 사유와 과감한 발상의 유도를 대학원 교육의 핵심목표 가운데 하나로 삼고 계신 한국외국어대학교 정치외교학과 동료 교수들께 감사드린다. 마지막으로 문장과 문맥의 논리성 검토 · 용어 통일 · 참고문헌,

각주와 색인 작성 등 기술적 작업은 필자 가운데 한 사람인 이서영이 주관했음을 밝혀 둔다.

2013년 1월

서울캠퍼스 연구실에서

김웅진

목 차

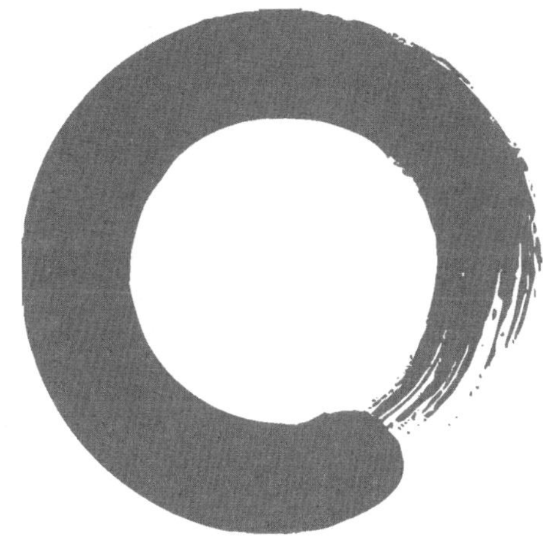

서론: 과학의 경계와 지평

김 웅 진

과학은 사회의 문화적 지각地殼을 구성하는 다양한 영역 가운데 하나임에 틀림없다. 그렇다면 과학을 여타 영역으로부터 어떻게 구획demarcate할 수 있는가? 과학적 연구의 지평은 어디까지 펼쳐져 있는가? 이 두 가지 질문은 현대 과학철학연구의 핵심주제로서, 다양한 입장과 시각에 따라 각기 다른 답이 제시되어 왔다. 물론 이러한 질문에 대한 답을 찾기 위해서는 과학의 정의가 선행되어야 한다. 과학이란 과연 무엇인가?

대부분의 과학철학적 담론은 과학을 보편적 협약conventions에 따른 지식생산행위knowledge-production activity로서 규정한다. 바꾸어 말해서, 과학은 경험적 현상의 생성경로를 탐색하는데 사용되는 논리적 · 도구적 지식logical-instrumental knowledge을 구축하기 위한 행위이며, 특정한 역사문화적 상황과 연구전통research tradition[1] 내에서 적실성이 광범위하게 인증된 유리스틱heuristic[2]에 의해 계도된다는 것이다. 즉, 유리스틱은 '풀어야 할 문제research puzzles', 혹은 '풀 가치가 있는 문제', 곧 과학적 연구의 대상과 영역을 규정할 뿐 아니라 문제풀이의 전반적 과정을 제어한다.

1 "연구문제를 탐색하고 이론을 구축하는데 사용되는 적절한 방법에 관한 일반적 가정"을 수용하고 있는 과학체계 혹은 과학자 공동체(Laudan 1978, 81).

2 "강력한 문제풀이 기제(a powerful problem-solving machinery)." 즉, 특정한 과학체계(연구프로그램, research programme) 내에서 과학적 적실성과 정당성을 광범위하게 인정받고 있는 이론적 · 방법론적 협약과 절차를 뜻한다. 라카투시(I. Lakatos)는 유리스틱이 "변칙현상(anomalies)"들을 설명하고 더 나아가 그들을 연구프로그램이 수용하고 있는 이론적, 방법론적 전제를 뒷받침하는 적극적 증거로 변환시킬 수 있을 경우에 한해 "긍정적(적극적) 유리스틱(positive heuristic)"의 위상을 얻게 되며, 그러한 긍정적 유리스틱을 보유한 연구프로그램만이 "진보적 연구프로그램(progressive research programme)"으로 확립될 수 있다고 본다(Lakatos 1986, 4-6).

이러한 과학의 정의와 지평은 연구대상을 초월하여 적용된다. 연구대상이 무엇이든 하나의 행위양식으로서 과학이 지향하는 목표는 어디까지나 설명력과 예측력을 담지한 도구적 지식(Nagel 1979, 1-14), 즉 이론theories과 분석모형analytic models의 구축에 놓여 있고, 그러한 측면에서 지식의 본질과 생산과정에 관한 과학철학적 논의는 자연과학연구, 사회과학연구를 포괄한 모든 과학연구에 있어서 그 중요성이 보장된다. 사회과학자와 자연과학자의 지식생산행위는 연구대상이 표출하는 속성과 연구결과의 단정성을 판정하는 방법론적 협약 외에 서로 다를 바 없다.

사회과학자는 인간의 상호작용으로 야기되는 사회현상의 역동적 전개과정을 논리적 · 경험적으로 추적하여 일반화함으로써 사회과학 지식을 생산하고, 그러한 지식에 힘입어 인간이 추구하는 보편적 가치를 구현할 수 있는 사회적 기제와 절차를 탐색한다. 물론 사회과학 연구는 역사성과 문화적 종속성, 이념과 가치체계의 족쇄를 결코 탈피할 수 없다. 자연과학연구 역시 마찬가지이다. 지진과 해일, 양자도약quantum leap, 빛의 굴절 등 물질적 세계physical world는 인간의 실존성, 인간이 지향하는 가치에 따라 조망되고, 그에 관한 지식 또한 인간적 해석human interpretation의 범주 내에서만 의미와 가치를 부여받기 때문이다. 요컨대 모든 과학은 그 대상이 무엇이든 인간성humanity과 연관된 해석의 틀을 벗어나지 못한다.

*　　*　　*　　*

이 책에 수록된 여섯 편의 글은 과학의 지평, 과학행위의 추동력과 과학행위의 대표적 유형인 발견discovery의 경로에 대한 각 필자의 고유한 견해와 시각을 제시하고 있다. 이제 각 장의 내용을 요약해 보면 아래와 같다.

과학의 논리적 · 사회적 경계를 다루고 있는 제1장과 제2장은 과학행위가 지닌 차별성의 근거와 과학의 구획기준에 대해 논의하고 있다. 제1장 "과학적 지식의 징표: 문제설정의 자유"에서 필자 박영득은 포퍼Karl R. Popper가 과학적 지식의 가장 큰 특성으로 제시한 반증가능성falsifiability에 초점을 맞추어(Popper 1996, 215-250; 1999, 78-92), 과학행위는 과감한 추측 → 오류의 탐색 → 탐색된 오류의 보정이라는 논리적 과정을 통해 전개된다는 측면에서 그 차별성이 노정된다고 주장한다. 아울러 과학적 연구의 지평은 이러한 오류의 비판과 보정이 어느 정도 허락되느냐, 다시 말해서 기존 지식을 정당화하는 과학적 교조doctrine로부터 얼마나 자유로운 사색이 용인되느냐에 따라 획정되어야 한다고 본다.

이어 정혜욱은 제2장 "구획의 문제와 과학적 우월성"을 통해 과학의 구획화에 관한 새로운 시각을 제시하고 있다. 즉, 대부분의 과학철학자들은 과학의 구획기준을 과학의 본래적 속성으로부터 도출하려 시도해 왔지만, 실질적 기준은 "사후적 · 결과적으로 얼마나 우월한가"에 놓여있다고 본다. 역사적으로 볼 때 갖고 있는 "무엇인가 특별한 것"에 따라 과학의 경계가 규정되었다기보다는, "특별한 무엇"이 과학으로 간주되었다는 것이다. 필자에 따르면 이러한 시각은 과학의 상대적 우월성과 구획성을 모두 부정했던 파이어라벤드Paul K. Feyerabend의 견해와 상응한다.

다음으로 제3장과 제4장은 과학행위의 추동력을 인간의 본성 혹은 심리적 역동으로부터 도출하려 시도하고 있다. 서용택은 제3장 "본성적 행위로서의 과학"을 통해 과학은 결코 "천재들의 전유물"이 아니며, 과학행위의 추동력은 인간의 본성에 애당초 내재되어 있다고 주장한다. 즉, 모든 인간은 자신을 둘러싸고 있는 자연현상, 사회현상의 본질적 속성과 그 생성경로를 파악하려는 본성을 갖고 있고, 따라서 성공적 과학행위는 바로 그 자체를 본성에 따라 "자연스럽게 즐기는" 행위라고 본다.

같은 맥락에서 제4장 "과학행위의 추동력: 완전성의 추구"는 과학행위의 추동력을 "완전성"을 지향하는 인간의 심리적 역동에서 찾고 있다. 필자 유성현에 따르면, 과학행위는 호기심, 문제해결을 통한 성취감, 발견의 기쁨, 과학자로서의 사회적 성공에 대한 집착 등 다양한 심리적 유인誘因에 따라 전개되나, 가장 근본적인 추동력은 과학행위와 그 소산인 과학적 지식의 불완전성을 소거하려는, 다시 말해서 완전성을 확보하려는 강한 욕구라는 것이다.

마지막으로 제5장과 제6장은 과학적 발견scientific discovery의 경로, 특히 발견을 유도하는 과학자의 자세와 시각을 다루고 있다. 우선 제5장 "과학적 탐구의 과정: 발견과 몰입"에서 문희재는 과학행위의 역사적 전개과정을 고찰하는 가운데 발견을 지향한 과학자가 견지해야 할 자세를 논하고 있다. 즉, 과학적 탐구의 과정을 포착 → 설명 → 정당화의 과정으로 규정한 후, 그 과정을 성공적으로 이끌어나가기 위해서는 "몰입"이 필요하다고 강조한다. 필자는 이러한 견해, 곧 '몰입을 통한 발견'의 대표적 사례로서 지동설을 구축한 브라헤Tycho Brahe · 케플러Johannes Kepler · 갈릴레이Galileo Galilei의 발견과정을 제시하고 있다.

과학적 발견은 "익숙한 대상을 낯설게 만듦"으로써 이루어진다는 것이 제6장 "과학적 발견의 방법: 익숙함으로부터 벗어나기"의 핵심 논지이다. 필자 이서영은 통상적 시각을 벗어나 사물이나 현상을 바라볼 때 비로소 관측대상의 "새로운 면모"를 발견할 수 있다고 주장한다. 이러한 발견의 과정은 무한한 무지의 세계를 인식함으로써 인간이 획득할 수 있는 지식의 한계를 인정하는 데에서 시작된다. 바꾸어 말해서, 고정된 시각과 관념의 틀을 격파하고 탐구대상에 자유롭게 접근하는 과학자만이 기존 패러다임paradigm의 굴레를 벗어나 연구대상의 새로운 측면에 착안한 지식을 생산하여 과학적 성장에 일조할 수 있다는 것이다.

*　*　*　*

과학은 자신의 존재를 구속하는 사회적 · 자연적 조건과 환경을 제어하려는 인간의 의지가 구현된 지적 작업intellectual enterprise이다. 따라서 과학의 본질에 대한 논의는 곧 그러한 과학을 도구로 삼아 정체성과 창의성을 극대화하려는 인간의 본질에 대한 논의라고 말할 수 있다. 이러한 맥락에서, 사회과학의 철학적 기반을 면밀히 성찰함으로써 사회과학이 상정하고 있는 인간의 정체성과 창의성을 규명할 수 있다. 요컨대 과학은 변화하는 역사문화적 지각 위에서 각기 달리 노정되는 '인간성'을 비추어 보여주는 거울인 것이다(김웅진 2009, 134).

참고문헌

김웅진. 2009. 『과학패권과 과학민주주의』. 서울: 서강대학교출판부.

Lakatos, Imre. 1986. *The Methodology of Scientific Research Programmes*. Cambridge: Cambridge University Press.

Laudan, Larry. 1978. *Progress and Its Problems, Towards a Theory of Scientific Growth*. Berkeley · LA · London: University of California Press.

Popper, Karl R. 1996. *Conjectures and Refutations, The Growth of Scientific Knowledge*. London: Routledge.

______. 1999. *The Logic of Scientific Discovery*. London and New York: Routledge.

과학의 구획

제1장 과학적 지식의 징표: 문제설정의 자유

박 영 득*

1. 관찰의 기술 혹은 생각의 예술

'사실fact'은 객관적이다. 물론 인간은 같은 대상을 보고 다르게 느낄 수 있고, 다르게 생각할 수 있다. 여러 사람이 어떤 그림을 보고서 완전히 같은 감정을 느끼지는 않는다. 심지어 한 사람이 동일한 그림을 여러번 보더라도 그 그림을 볼 때마다 다른 느낌을 받을 수 있다. 그럼에도 불구하고 객관적 사실이 존재한다고 할 수 있는 이유는 인간은 서로 소통 가능한 존재이기 때문이다. 인간은 심지어 추상적인 감정과 관념도 공유하고 공감할 수 있다. 시무룩한 표정으로 앉아있는 친구에게 안 좋은 일이 있느냐며 묻기도 하고, 쓸쓸하다는 친구의 말에 위로와 격려를 건네기도, 이런저런 조언을 하기도 한다. 친구들에게 건네는 이런 말이 언제나 위로가 되고 도움이 되어줄 수는 없지만 우리가 서로의 추상적 감정을 어느 정도는 이해하고 공감할 수는 있다는 것만은 확실하다. 만일 객관적 실재objective reality가 존재하지 않는다면 우리에게 공감의 토대는 없을 것이며 사회의 형성 또한 불가능했을 것이다.

엄청나게 어려운 전문용어들을 평범한 말을 하듯이 사용하는 과학

* 한국외국어대학교 대학원 정치외교학과 석사과정

자들이 서로 같은 문제를 고민할 수 있는 이유 역시 과학적 지식 scientific knowledge이 이러한 객관적 사실의 토대 위에 존재하기 때문이다. 최소한 그들에 있어 어떤 '용어term'는 객관적으로 존재하는 그 무언가의 이름이다. 어떤 용어를 누군가가 말했을 때 모든 과학자는 그 용어가 지칭하는 동일한 대상을 떠올릴 수 있다. 과학적 지식이 사실을 기반으로 서있는 것이라면[1] 사실에 충실히 기반하고 있는, 즉 사실[2]에 잘 들어맞는 지식이 과학적 지식이라고 할 수 있다.

일반적으로 과학이라 부르지 않는 점성술占星術, 종교宗教 등은 우리가 경험할 수 없는 것들에 대한 이야기다. 일례로, '신은 과연 어떤 존재인가?', '신의 뜻은 무엇인가?'와 같은 종교적인 질문은 우리가 감각경험으로 답변을 얻을 수 없는 것이다. 그렇기 때문에 종교에서는 계시啓示를 통해 간접적으로 신은 어떤 존재인지, 신의 뜻이 무엇인지를 알 수 있다고 한다.[3] 과학과는 거리가 먼 것으로 여겨질 수 있는

---

1 포퍼는 "과학적 진술(scientific statement)이 실재(reality)에 대해 이야기 하고 있는 이상, 그것은 반증가능해야 한다. 만일 어떤 과학적 진술이 반증가능하지 않는 한 그것은 실재에 대해서 말하고 있는 것이 아니다."라고 하며 과학과 실재는 긴밀한 관계에 있다고 보고 있다(Popper 2002, 316).

2 여기서 말하는 사실이란 인간의 감각경험(sensory experience)으로 경험할 수 있는 것, 말하자면 눈으로 보고 만져서 느낄 수 있는 것들을 말한다. 물론 여기에는 수數와 같이 추상적 매개체나 관찰도구(망원경, 현미경 등)를 이용하여 인식할 수 있는 것들도 포함된다(분자, 원자, 소립자, 세포 같은 것들이 이에 해당된다).

3 유일신교의 하나인 로마 가톨릭(Roman Catholic) 교회의 교리에 따르면 우리는 이성을 통해 신이 존재함을 인식할 수 있다. 예로, 성(聖) 토마스 아퀴나스(St. Thomas Aquinas)는 신의 존재에 대한 여러 추론을 진행하는데 그 중 하는 인과론적 추론이다. 인과론이란 '모든 원인에는 결과가 있다.'는 근대과학의 기본적 입장인데, 아퀴나스에 따르면 우리의 존재에는 반드시 앞서 존재하는 무언가가(예로, 아이가 존재하기 위해서는 부모가 있어야 함) 있어야 한다. 그런데 이런 식으로 원인의 원인을 소급하다보면 반드시 스스로 존재하는 자가 존재해

인간의 사상체계인 종교와 대비해 본다면 아마 과학적 지식과 비과학적 지식을 구분할 수 있는 가장 명확한 기준은 그것이 과연 사실에 기반을 두고 있는지의 여부일 것이다. 그렇게 본다면 보다 더 과학적인 지식은 보다 덜 과학적인 지식보다 보다 많고 확실한 사실에 기반하고 있다고 말할 수 있다.

그런데 현대의 물리학자들은 눈에 보이지도 않는 아주 작은 입자particle와 우주만물에 작용하는 힘들을 연구하고 그것의 존재를 규명해내기도 한다. 어떤 행성의 궤도를 통해서 이전에는 발견하지 못했던 다른 행성의 존재를 찾아내기도 한다.[4] 사회과학자들은 눈에 보이지 않는 정치안정성이니, 한계효용이니 하는 것들을 연구하고 이들이 우리 사회에 어떠한 모습으로 숨어있는지를 찾아낸다. 과학자들이 눈에 보이는 것만을 가지고 지식을 만들어냈다면, 애초에 눈으로 본 적도 없는 분자, 세포와 같은 작은 것들이 있다는 것을 어떻게 알 수 있었을까? 사과가 떨어지는 것은 우리 눈에 보이지만, 중력이 사과

야 하며 스스로 존재할 수 있다는 것은 곧 그것이 신이라는 것을 의미한다. 그러나 우리는 신이 구체적으로 어떤 성격을 지닌 존재인지, 신의 뜻은 무엇인지를 경험적으로, 또는 이성을 통해서 알 수는 없는데 그렇기 때문에 이런 것들은 계시를 통해서 알 수 있다는 것이다(한국천주교중앙협의회 2008).

4 해왕성(neptune)의 발견이 그 예라고 할 수 있다. 1821년, 프랑스의 천문학자 알레스 부바르(Alexis Bouvard 1767-1848)는 천왕성의 궤도를 기록한 천문표를 만들었는데 이후에 천왕성을 관측해보니 관측된 천왕성의 궤도와 천문표 상의 궤도가 불일치한다는 것을 알게 되었다. 천문표에서 예상되는 천왕성의 궤도는 뉴턴(Issac Newton)의 만유인력의 법칙에 따라 예측된 것이었기 때문에 만일 천문표가 틀린 것이라고 한다면 뉴튼의 법칙이 틀리게 되는 것이었다. 그런데 부바르는 이에 대해 8번째 행성(천왕성은 7번째 행성임)이 존재할 것이라는 가설을 세웠고 이 가설에 근거하여 프랑스의 위르벵 르브리에(Urbain Le Verrier 1811- 1877)가 수학적 계산을 통해 8번째 행성의 궤도를 계산했고, 그의 계산에서 단 1°어긋난 지점에서 8번째 행성이 발견되었다.

를 잡아당기는 장면을 본 사람은 없을 것이다. 분명 중력gravity, 전자기력electromagnetic force 같은 것들은 눈으로 확인할 수 있는 것은 아니지만 존재하는 것임이 밝혀졌으므로 지금은 사실이라 할 수 있다. 그러나 최소한 그것이 존재하는 것으로 밝혀지기 전에 그것들은 사실이라 보기에 어려운 것들이었다. 그렇다고 한다면 과학적 지식은 사실에 관한 것이지만, 그렇다고 해서 과학적 지식을 생산하기 위한 과학적 탐구scientific inquiry가 사실로부터 시작하는 것은 아니다.

과학적 지식을 만들어내기 위한 과학적 탐구가 사실로부터 시작하지 않는다면 과학이 현실과 동떨어져있는 문제라고 생각할지도 모르겠지만 과학적 지식은 인류에게 실질적인 혜택(동시에 걱정거리도 몰고 왔지만)을 가져다주었다. 분명한 것은 자연과 사회에 관한 탐구를 통해 인간은 무지ignorance가 주는 공포로부터 해방될 수 있었다는 것이다. 이제 인간은 번개가 치는 것을 보고 두려움에 떨고, 신이 진노했다며 제물을 바치지 않는다. 도리어 그 번개를 피뢰침으로 유도하기도 한다. 성난 바다를 진정시키기 위해 산 처녀를 잡아다 바다에 바치지 않고 도리어 바다를 이용해 인간이 유용하게 사용할 수 있는 전기를 만든다. 또 인간은 다양한 정치사회적 불안정이나 경제위기를 그냥 지켜보고만 있지 않는다. 인간행위의 역동과 사회현상은 자연현상에 비해 유동적이기는 하지만, 이러한 제약조건 속에서도 우리는 사회가 처해있는 문제점을 지적하고 해결책을 제시한다. 즉 연구대상의 속성으로 인해 자연과학보다 유동적인 형태를 띠는 사회과학적 지식을 통해서도 우리 인간은 적지 않은 문제들을 인간의 힘으로 해결하면서 살고 있다. "진리가 너희를 자유롭게 하리라"라는 말이 그렇게까지 거짓말은 아니었던 셈이다.

그런데 만일 과학자들이 직접 경험가능한 것만을 연구했다면 추상적인 인간의 감정과 정치사회적 현상, 그리고 우주를 구성하는 미세한 물질들과 힘에 대한 지식을 축적할 수 있었겠는가? 과학적 연구가 전적으로 경험가능한 것으로부터 시작했다면 보이지도 않는 것들이 '문제'가 될 것이라고 생각한다는 것은 불가능했을 것이고 그것들은 과학이 다뤄야 할 문제가 되지도 못했을 것이다. 그렇다면 어떤 것에 대한 지식이, 또 어떤 방식으로 생산된 지식이 '과학적 지식'이라는 칭호를 얻을 수 있는가? 과학이 결국 사실에 관한 것이라고는 하나, 과학적 탐구가 사실로부터 시작하지 않는다면 과학적 지식과 비과학적 지식은 '사실성'만을 기준으로 구분할 수 있는 것은 아닐 것이다.

이 글의 논의 주제는 과학적 지식과 비과학적 지식을 무엇을 기준으로 하여 구분할 수 있는가이다. 물론 이런 논의는 고도로 전문화된 과학자들에게는 큰 공감을 얻지 못할 수 있으며, 별 도움이 되지 않을지도 모른다. 그러나 과학적 지식과 비과학적 지식의 경계를 짓는 것은 결국 과학적 지식의 특징에 대해 고찰해보는 일이며, '보다 더' 과학적이기 위해서는 어떠한 조건이 충족되어야 하는지를 논의하는 일이다. 이를 통해 우리는 과학적 지식의 진보progress가 어떠한 기반 위에 서있으며, 어떠한 기준에서 진보를 논할 수 있는지를 함께 고민할 수 있게 될 것이다. 과학 역시 인간이 정신적 능력으로 하는 여러 활동 중 하나라고 보았을 때, 과학의 진보를 판정하는 기준은 인간의 사고思考의 진보, 인간 사회의 진보를 판정할 수 있는 기준이 될 수 있을지도 모를 일 아닌가?

2. 과학의 논리적 구조와 과학자의 태도

오스트리아의 과학철학자 칼 포퍼Karl Popper는 당시 경험과학의 탐구방법으로 널리 인정받고 있던 귀납적 방법inductive method에 대한 비판을 가하며 과학적 지식을 판정하는 기준에 대한 주장을 펼쳤다(Popper 2002). 포퍼에 따르면 귀납이 과학적 방법이 될 수 없는 이유는 자명하다. 우선 아무리 많은 관찰을 한다 하더라도 보편진술universal statement[5]을 이끌어 낼 수가 없다. 귀납적 방법은 여러 관찰을 일반화generalization하여 보편진술을 도출하는 방법인데, 귀납법을 통해 '백조는 희다'라는 명제를 이끌어낸다면 다음과 같은 방식이 될 것이다.

① 백조 1은 희다
② 백조 2는 희다
③ 백조 3은 희다
…
④ 백조 n은 희다.
⑤ 결론: 모든 백조는 희다

하지만 위와 같이 귀납을 통해 이끌어낸 "모든 백조는 희다"는 말이 참이 되기 위한 조건을 규명하기는 사실상 불가능하다. 우선 얼마나

5 과학적 진술은 보편진술의 형태를 띤다. 보편진술의 예를 들면, "순수한 물은 1기압에서 100℃에 끓는다"와 같은 문장이다. 보편적(universal)이라 함은 모든 대상에 적용될 수 있다는 의미인데 위와 같은 문장에서 '순수한 물' 이란 특정한 어떤 순수한 물이 아니라, 모든 순수한 물을 뜻한다. 반대로 단일진술(singular statement)이 있는데 이는 어떤 상태를 지칭하기만 하는 진술이다. 예를 들어 "이 물의 온도는 70℃이다"와 같은 문장이라고 할 수 있다.

많은 수의 백조를 관찰해야 모든 백조가 희다고 확증할 수 있다고 할 수 있는지에 대한 기준을 설정할 수가 없다. 만일 귀납적 방법이 이러한 문제를 회피하고자 한다면 가능한 방법은 확률적 진술을 도출하는 것을 목표로 삼는 것이다. 그런데 이 또한 문제가 있다. 만일 100마리의 백조를 관찰했는데, 총 95마리의 백조가 흰색이었고 5마리의 백조가 흰색이 아니었다. 그렇다면 "95%의 백조가 흰색이다."라는 확률적 진술을 할 수 있다. 그러나 이는 명백한 사실이기는 하지만 이것을 가지고서는 예측prediction을 할 수 없고 설명explanation도 할 수 없다. 관찰된 모든 95%의 백조가 하얗다고 해서, 정말 그 확률에 따라 흰 백조를 볼 수 있는 것은 아니기 때문이다. 즉, 100마리의 백조를 관찰하는 중에 지금까지 관찰한 99마리의 백조 중 흰 백조가 94마리, 검은 백조가 5마리 있다고 해서 마지막 백조 한 마리가 하얗다는 보장은 어디에도 없다. 정확히 말하면, 귀납적 방법으로 도출된 확률적 진술은 마지막 백조가 하얗다는 보장을 하지 않는다.

과학적 지식의 목표가 설명과 예측에 있다[6]고 하면 이는 분명히 문제가 된다. 야구경기의 예를 들어보자. 어떤 타자의 20년간 통산타율이 0.333(즉, 33.333%)이라고 하자. 이 타자가 어느 경기에서 두 번의 타석에 들어와서 한 개의 안타도 치지 못했고 세 번째 타석을 그 경기의 마지막 타석으로 들어왔다. 만일 해설자가 "저 선수는 3할 3푼 3리를 치는 선수에요. 지금 세 번째 타석에 들어왔고 아직 안타가

6 과학은 지식생산(knowledge production)의 행위이며, 과학적 지식이 목표로 삼는 것은 설명과 예측이다. 그런데 설명과 예측은 모두 과학연구의 '생산물'인 이론을 통해 이루어지는 것으로서 논리구조는 서로 동일하다고 할 수 있다. 즉, "A라는 현상이 B때문에 발생했다."고 설명할 수 있다면, "B라는 현상이 발생하면 A가 발생할 것이다"라고 예측할 수 있다는 것이다. 김웅진·김지희(2005, 12-15) 참조.

없으니 이번엔 안타 칠 때가 됐어요" 라고 말한다면 이는 틀린 말이다. 왜냐하면 확률은 이전에 발생한 사건(즉, 이 타자가 지금 까지 들어왔던 타석과 안타의 비율)을 말하는 것에 불과하지만, 지금의 이 타석에서 일어나는 사건(안타, 사사구, 아웃 등)은 이전의 확률과는 완전히 상관없이 일어나기 때문이다. 그렇기 때문에 우리는 확률적 진술로도 만족할 만한 결과를 얻지 못한다. 확률적 진술은 그저 '지금까지 나타난 사건이 χ%로 발생했었다'는 사실에 대한 기술description일 뿐이다. 즉, 이는 보편진술이 아니라, 확률이 그러하다는 단일진술에 불과하다. 확률적 진술의 특징은 절대 틀릴 수가 없다는 것이다. 만일 관찰하는 사람이 잘못 관찰하지 않았다면 저 말을 틀렸다고 할 수 있는 방법은 없다.

반면 포퍼가 제시하는 과학방법은 연역적 방법deductive method이다. 물론 연역과 귀납은 서로 완전히 배타적인 방법은 아니다. 그러나 과학을 연역으로부터 시작하는 행위로 이해하면 과학에서 사실이 차지하는 위치는 대단히 달라진다. 유권자의 투표에 관련된 이론 중 하나인 '회고적 투표 이론retrospective voting theory'을 예로 들어보자.

① "유권자는 현 정부를 긍정적으로 평가할수록 여당을 지지하고 부정적으로 평가할수록 야당을 지지한다."

② "이승엽은 유권자다."

③ "이승엽은 현 정부를 긍정적으로 평가한다."

④ "이승엽은 여당을 지지한다."

연역법은 위와 같은 방식으로 사고하는 방법이다. 귀납법과의 차이를 보자면 연역은 첫 번째로 보편진술을 제시한다. 이는 가설hypothesis

의 역할을 한다.[7] 여기서 말하는 유권자란 어떤 특정한 유권자를 지칭하는 것이 아니다. 우리말에는 문법적으로 관사article가 존재하지 않기 때문에 이해하기 까다로운데, 이를 영어로 표현하면 여기서의 유권자는 'a voter'(즉 불특정하고 일반적인 의미에서의 유권자)이지 'the voter'(즉 특정한 누군가를 지칭하는 의미에서 유권자)가 아니다. 두 번째 문장 ②는 어떤 개별적 사례(이승엽)가 ①에서 제시된 "유권자"라는 조건을 만족함을 나타내고 ③역시 "정부를 긍정적으로 평가한다"는 조건을 만족함을 나타낸다. 이 두 문장은 우리가 관찰을 통해 인식된 사실을 말하고 있는 문장이다. 그러므로 이승엽이라는 사람은 ①에서 말하고 있는 "정부를 긍정적으로 평가하는 유권자"라는 조건에 부합하며, 그렇기 때문에 당연히 "이승엽은 여당을 지지한다"는 문장은 참이 되어야 한다. ①이 논리적으로 참이고 관찰한 것, 즉 ②와 ③이 참이라면 ④는 논리적으로 당연히 참이 된다. 이는 논리적으로 필연적인 결과이며 완전히 타당한 추론이다.

위의 문장들을 곰곰이 뜯어보면 연역의 강점을 알 수 있다. 연역논증에 있어 첫 번째 문장은 우리로 하여금 "예측"을 하도록 한다. 가설 없이는 무엇을 관측해야 할지, 왜 관측해야 하는지 알 수 없다. 가설을 우선 제시함으로써 이 가설에 부합하는 사례가 나타났을 때, 이 사례가 가설이 예측하고 있는 바와 일치할 것이라는 논리적 기대를 할 수 있게 한다. 알버트 아인슈타인Albert Einstein이 "우리가 무엇을 관측할 수 있을지를 결정하는 것은 이론이다It is the theory which decides

[7] 가설은 어떤 연구대상 현상의 표출양상이나 연구대상 현상들 간의관계에 대한 연구자의 기대를 담고 있는 진술을 뜻한다. 이론은 잠재적으로 확증된 가설이고 가설과 이론은 논리적으로 동일한 구조를 갖고 있다. 김웅진·김지희(2005, 34-35) 참조.

what we can observe"라고 말한 의미가 바로 이런 것이다(Heisenberg 1971, 71). 앞서 말했듯 기대는 가설이 되고, 가설이 입증되었을 때는 '이론'이 된다. 이론은 우리로 하여금 어떤 현상이 왜 발생했는지를 설명하게 하고, 그리고 또 다시 어떤 현상이 발생 할 것인지를 예측하게 한다. 이승엽이라는 사람뿐만 아니라 다른 사람이 '현 정부를 긍정적으로 평가하는 유권자'라면 그 사람은 선거에서 여당을 지지할 것이라고 예측할 수 있다.

그런데 논리적으로는 필연적으로 참이라고 하더라도 실제로 현 정부를 긍정적으로 평가하는 모든 유권자가 여당을 지지할까? 실제로는 그렇지 않다. 어떤 사람들은 현 정부는 긍정적으로 평가하지만 여당 후보를 싫어해서 야당을 지지하기도 한다. 과거에는 여당이 잘 했다고 하더라도 앞으로는 여당보다 야당이 잘할 것이라고 기대해서 야당을 지지할 수도 있다. 유권자의 정당지지에는 아주 많은 이유가 있다. 앞서 제시한 이론은 현 정부를 긍정적으로 평가하는 유권자는 모두 여당을 지지할 것처럼 얘기했지만 사실은 그렇지 않을 가능성도 크다는 말이다. 그렇다면 연역은 결국 확실한 진리를 찾아내지 못하는 방법인 것은 아닌가? 이렇게 불완전한 지식을 우리는 어떻게 사실이라고 믿을 수 있을까?

그러나 포퍼에 의하면 이론을 이렇게 쉽게 무너지게 하는 것은 연역적 방법의 단점이 아니라 장점이다(Popper 2001, 81). 포퍼가 연역을 과학적 탐구의 방법으로 해야 한다고 주장하는 이유는 연역이 예측을 우선으로 하는 까닭에 틀릴 가능성을 내포하기 때문이다. 그리고 포퍼는 한 걸음 더 나아가 틀릴 가능성이 더 클수록 더 좋은 과학적 지식이라고 말한다. 이는 포퍼의 과학철학에 있어 가장 중요한 개념인 반증가능성falsifiability으로 나타난다. 반증가능성은 포퍼에 있어 어떤 이론이 더 나은 이론인가를 판단하는 기준이기도 하지만, 과학적 지식과 비과학적 지식을 구분하고, 과학과 사이비 과학pseudo science을 구분하는 기준이다. 반증이 불가능한 형태의 지식은 과학이 아니라는 것이다.

그런데 반증가능성은 반증과 혼동되어 오해할 수 있는 개념이기 때문에 보다 면밀한 이해가 필요하다. 짧게 말하면 '반증'이란 경험적인 영역에서 일어나는 것이다. 위에서 여러 번 예를 들었듯이 어떤 가설을 제시하고 이것이 참인지를 확인하는 것은, 그 가설이 예측하고 있는 것과 사실(즉, 경험)이 일치하는지를 보는 것이다. 그러나 반증가능성은 경험의 세계와 전혀 관계가 없다. 반증'가능성'은 어떤 가설(또는 이론)이 그 논리상 반증이 가능한 형태이냐의 문제다. 즉 반증가능성은 오직 논리의 문제다.

그런데 오히려 반증가능성이 큰 이론이 더 과학적이라는 포퍼의 생각을 직관적으로 받아들이기는 어렵다. 분명 과학은 사실과 밀접한 관련이 있는 것인데[8], 오히려 틀릴 확률이 높을수록 좋은 이론이라는 포퍼의 주장은 다소 역설적이기 때문이다. 하지만 포퍼의 주장은 나름대로 일리가 있다. 다음의 두 가설을 비교해보도록 하자.

가설A: 타인을 신뢰할수록 봉사활동에 참여할 것이다.
가설B: 타인을 신뢰하고, 형제가 있으면 봉사활동에 참여할 것이다.

가설A는 타인을 신뢰할수록 봉사활동에 참여할 것이라고 예측하고 있다. 최대한 간단하게 생각하기 위해 이 가설을 검증하는 방법을

8 위의 연역적 방법에서도 결국 그 가설이 입증되느냐 반증되느냐의 여부는 사실의 문제다. 가설이 관측한 사실과 일치하는지의 여부에 따라 결정된다는 말이다.

단순화시켜보자. '타인을 신뢰할수록'은 '타인을 신뢰한다'와 '타인을 신뢰하지 않는다'로 나누고, '봉사활동에 참여할 것이다'는 '봉사활동에 참여한다.'와 '봉사활동에 참여하지 않는다'로 나누자. 이렇게 나누었을 때 우리는 총 4가지의 경우를 얻는다.

- 타인을 신뢰하고, 봉사활동에 참여한다.
- 타인을 신뢰하지 않지만, 봉사활동에 참여한다.
- 타인을 신뢰하지만, 봉사활동에 참여하지 않는다.
- 타인을 신뢰하지 않고, 봉사활동에 참여한다.

가설A에 의해 예측할 수 있는 것은 무엇인가? 우선 가설A는 타인을 신뢰하면 봉사활동에 참여할 것이라고 예측하고 있고, 그 반대로 이를 통해 타인을 신뢰하지 않으면 봉사활동에 참여하지 않을 것이라고도 예측할 수 있다. 이 두 가지 예측에 들어맞는 '사실'은 이 가설이 상정하고 있는 모든 경우의 수 4개 중 2개이다. 즉 이 가설이 예측하는 것이 사실과 일치할 확률은 50%다.

가설B는 어떨까? 가설B역시 이를 검증하는 방법을 단순하게 하여 사실과 맞아떨어질 확률을 계산해보자. 이 가설 하에서 상정할 수 있는 경우의 수는 총 8개다.

- 타인을 신뢰하고, 형제가 있고, 봉사활동에 참여한다.
- 타인을 신뢰하고, 형제가 있고, 봉사활동에 참여하지 않는다.
- 타인을 신뢰하고, 형제가 없고, 봉사활동에 참여한다.
- 타인을 신뢰하고, 형제가 없고, 봉사활동에 참여하지 않는다.
- 타인을 신뢰하지 않고, 형제가 있고, 봉사활동에 참여한다.

- 타인을 신뢰하지 않고, 형제가 있고, 봉사활동에 참여하지 않는다.
- 타인을 신뢰하지 않고, 형제가 없고, 봉사활동에 참여한다.
- 타인을 신뢰하지 않고, 형제가 없고, 봉사활동에 참여하지 않는다.

이 8개의 경우의 수 중, 가설B가 예측한 것과 일치하는 것은 몇 개나 되는가? 역시 가설B에 의해 예측될 수 있는 것은 단 두 개다. '타인을 신뢰하고, 형제가 있고, 봉사활동에 참여한다'와 '타인을 신뢰하지 않고, 형제가 없고, 봉사활동에 참여한다'라는 두 경우의 수만이 가설B에 의해 예측될 수 있는 것이고, 이 두 가지 경우의 수와 일치하는 결과가 나오지 않으면 이 가설은 틀린 가설이다. 이 가설이 맞을 확률은 $\frac{2}{8}$, 25%에 불과하다. 가설A가 맞을 확률의 절반밖에 되지 않는다. 만일 이 가설에 여러 내용들을 추가하면 할수록 예측이 맞을 확률은 낮아질 것이다.

자연과 인간, 그리고 사회에 대한 탐구가 세상을 잘 알고자 하는 목적을 갖고 있다고 한다면 과연 어떤 진술이 더 목적에 가까이 다가갈 수 있을까? 위의 가설A와 가설B 중 가설B가 더 목적에 가까이 다가갈 수 있다. 봉사활동에 참여하는 사람에 대해 보다 많은 내용들을 담고 있기 때문이다. 이론(또는 가설)이 담고 있는 경험적 내용이 많으면 많을수록 좋은 이론일 것이라는 말은 직관적으로도 이해할 수 있다. 그런데 내용이 풍부해질수록 틀릴 확률은 자연스레 더 높아지게 된다. 그렇다면 더 좋은 이론은 틀릴 확률이 더 높은 이론이라고 할 수 있다. 이론이 풍부한 내용을 담을수록 반증가능성은 커지고, 결국 반증가능성이 큰 이론이 더 과학적인 이론이다. 결국 포퍼는 우리에게 사실이 아닐 가능성(즉 반증가능성)이 높은 가설을 제시하는 과감한 추측bold conjecture을 하라고 제안하고 있는 것이다.

만일 우리의 과감한 추측이 수많은 반증에 시달렸음에도 불구하고 여전히 반증되지 않는다면 이는 훌륭한 과학적 지식이다. 그러나 만일 우리의 과감한 추측이 반증되어서 산산조각 나더라도 그것은 큰 문제가 아니다. 우리의 과감한 추측이 무너졌다 하더라도, 맞을 확률이 높은(내용이 부실한) 가설을 내세워 놓고 안락하게 지내고 있는 것보다는 훨씬 낫다. 왜냐하면 우리는 모두 실수를 하고 실패를 하기 때문이다. 인간은 많은 시행착오trial and error를 겪어왔고 그런 시행착오를 겪으면서 무언가를 배워왔다.[9] 틀릴 확률이 높은 과감한 추측을 해서 실패하는 것이, 맞을 확률이 높은 소심한 추측을 해서 성공하는 것보다 우리에게 더욱 많은 가르침을 준다. 훌륭한 과학자는, 그리고 훌륭한 이론은 뜨거운 반증의 불길 속에 자신을 내던진다. 정답을 알고 있지만 자기가 생각한 답이 틀릴까봐 두려워 숨는 학생보다는 차라리 틀린 답을 내놓지만 선생님에게 나아가 정답을 묻고, 자기가 틀렸다는 것을 확인하는 학생이 더 낫다는 것이다.

> 위대한 과학자는 과감한 생각을 가진 사람이며 자신의 생각에 아주 비판적인 사람이다. 그들은 자신의 생각이 혹시 틀린 것이 아닌지를 먼저 알아봄으로써 자신의 생각이 옳은지를 판단한다. 그들은 용감한 추측과 자신의 생각을 가혹할 정도로 논박하려고 시도한다(Popper 1974, 977-978).

---

[9] 포퍼는 시행착오를 매우 중요하게 생각한다. 포퍼에 따르면 하등동물이든 고등동물이든 과학자든 모두 실수로부터 무언가를 배운다고 하였다. 또, 과학을 오류를 체계적으로 비판하고 적절하게 수정하는 매우 드문 인간의 활동으로서 보고 있고, 그렇기 때문에 과학은 진보할 수 있다고 말한다(Popper 1985, 171-172).

…우리는 실수를 고침으로써 새로운 문제를 만들어 낸다. 이런 문제 새로운 문제들을 풀기 위해 [또 다시] 우리를 비판적 논쟁과 오류의 제거elimination of error로 밀어붙이는 추측(즉 잠정적 이론 tentative theory)을 만들어낸다(Popper 1993, 140).[10]

즉, 과학자가 해야할 일이란 틀릴 가능성이 아주 높은 과감한 이론을 내세우고, 이를 뒷받침하려고 증거를 끌어 모으는 것이 아니라 오히려 자신의 대담한 가설을 깨부술 수 있는 반증사례counterexample를 찾는 것이다. 과감한 추측과 연역을 강조하는 포퍼에게 있어 과학은 사실을 관찰하는 것으로부터 시작한다기보다는 문제를 설정함으로써 시작하는 것이다. 그리고 과학적 지식의 진보는 그 문제를 풀기 위해 세운 가설(또는 이론)을 깨부수려는 시도로부터 시작한다. 과학이 인류의 역사에서 꾸준히 진보를 거듭해 올 수 있었던 것은[11] 역설적으로 과감하게 추측함으로써 실패를 경험했기 때문이다. 그리고 실패로부터 무엇을 잘못 생각했는지를 알게 되었고 이는 또 다른 문제를 만들어 냈다. 계속해서 나타나는 문제와 이를 해결하기 위한 '논리적으로 타당한 상상'은 끝이 없었다. 지겹도록 틀려가면서도 인간은 자신이 만든 지식의 오류를 고쳐왔다. 과학은 '추측되었으나 입증되지 못한' 가설이 비옥하게 만든 대지 위에서 이루어진다. 그렇기 때문에 "과학이라는 게임은 원칙적으로 끝이 없다. 만일 어느 날 누군가가 나타나 어떤 과학적 진술이 더 이상의 검증test이 필요 없는 것이어서 완벽하게 입증되었다고verified한다면 그는 과학이라는 경기가 벌어지

---

10 [ ]안의 말은 독자의 이해를 돕기 위해 필자가 추가한 것임.

11 여기서 말하는 과학(science)이란 하나의 지식체계를 말하는 것이지, 일반적으로 이해되는 것처럼 '자연과학(natural science)'만을 뜻하는 것이 아님을 밝힌다.

는 경기장을 떠나야 한다"(Popper 2002, 32).

3. 가짜 과학의 구조와 가짜 과학자의 태도

포퍼는 비과학적 지식의 전형으로 프로이트Sigmund Freud, 아들러Alfred Adler의 정신분석학과 마르크스Karl Marx의 공산주의 이론을 들고 있다. 프로이트와 아들러에 대한 포퍼의 견해는 전적으로 그들 이론 자체의 반증가능성에 대한 문제제기다. 포퍼가 보기에 프로이트와 아들러의 이론은 반증이 불가능하다.

> …하나는 아이를 익사시키기 위해 아이를 물 속에 밀어 넣는 사람의 행위이며, 다른 하나는 아이를 구하기 위해 자신의 생명을 희생시키는 사람의 행위이다. 이 두 경우는 프로이트와 아들러의 이론에 의해 똑같이 쉽게 해석될 수 있다. 프로이트의 이론에 따르면 첫 번째 사람은 억압에 의해 고통 받고 있으며, 두 번째 사람은 억압의 승화에 성공하고 있는 것이다. 아들러의 이론에 따르면 첫 번째 사람은 (자신도 감히 범죄를 저지를 수 있다는 것을 자기 스스로에게 입증해 보이고자 하는 욕구를 일으키는) 열등감에 고통 받고 있는 것이며, 두 번째 사람도 (자신도 감히 아이를 구출할 수 있다는 것을 스스로에게 입증해 보이려고 하는) 열등감에 시달리고 있는 것이다(Popper 2001, 80).

이렇게까지 표현하면 조금 거칠지만 직관적인 이해를 돕기 위해 필자 나름대로의 표현으로 적어보자면, 프로이트와 아들러의 이론은 '무슨 반박거리를 가져오더라도 말만 가져다 붙이면 자기가 다 맞다고 우길 수 있는' 이론이라는 것이다. 아전인수我田引水, 제 논에 물대기다. 이런 비과학적 사고의 폐해는 비판이 제기될 수 없다는 것이다. 그 누구도 저렇게 '모든 것을 설명해내는 훌륭한 이론'앞에 반기를 들 수 없다. 어떤 사례를 가져오더라도 방어할 수 있다면 이는 인간의 진보에 전혀 도움이 되지 않는다. 물론 이는 포퍼가 말한 것처럼 반증을 견뎌냄으로써 그 강함을 증명해낸 이론과는 거리가 멀다. 왜냐하면 프로이트와 아들러의 이론은 담고 있는 내용 자체가 결국 한 두 가지 내용으로 귀결되므로 반증가능성 자체가 낮은 구조이고, 따라서 이들의 이론이 반증을 견뎌내는 것은 어려운 일이 아니기 때문이다. 즉, 매우 적은 경험적 내용을 담은 이론은 수천만 번의 반증을 이겨내더라도 별로 가치가 없다. 경험적 내용이 부실한 이론은 세상과 인간에 대해 많은 것을 알려주지 못하기 때문이다.

무너지래야 무너질 수 없는 지식은 포퍼의 구획기준을 충족하지 못한다.[12] 이러한 이론은 비판의 대상이 될 수 없고 논쟁의 대상도 되지 않는다. 애초에 틀릴 수가 없는 말만을 하는 사람과는 논쟁할 수 없다. 애매모호한 말만 늘어놓는 사람과는 토론이 불가능하다. 최소한 토론을 하기 위해서는 명확한 주장이 있어야 하고, 명확한 주장이 있어야 공감이나 비판이 가능하다. 주장하는 바가 많고 명확한 사람은 논쟁과 논란을 몰고 다닌다. 이러한 사람은 비판받을 가능성도 크고 그의 말은 틀릴 가능성이 높다. 그렇기 때문에 그 사람을 비판하는 적敵이 많을 수는 있다. 그러나 그의 의견이 완전히 반박되더라도 다른 사람들에게 '생각'을 몰고 온다는 점에서, 그리고 그가

[12] 포퍼의 반증가능성에 대한 논의에서 자주 혼동을 일으키는 부분인데, '무너지지 않는 형태이기 때문에' 비과학적인 것이지 그것이 '무너졌기 때문에' 비과학적인 것이 아니라는 점을 다시 상기할 필요가 있다.

불러온 또 다른 생각이 결국 생각의 진보를 불러온다는 점에서 최소한 토론하기에는 훨씬 나은 사람이다.

마르크스주의에 대한 포퍼의 비판도 비슷한 맥락이다. 그러나 여기서 포퍼가 비판하고 있는 것은 마르크스의 공산주의 이론 그 자체의 반증가능성에 대한 것이 아니라는 점에 주의할 필요가 있다. 포퍼도 공산주의 이론 그 자체는 반증가능하고, 또 반증되었다고 말하고 있다. 즉 공산주의 이론은 그 이론의 논리적 구조에 있어서는 포퍼의 반증가능성이라는 구획의 기준을 통과했다는 것이다. 그럼에도 불구하고 포퍼가 마르크스주의를 비과학이라 몰아세우는 이유는 마르크스주의를 신봉하는 사람들의 비과학적 태도 때문이었다. 포퍼는 일부 마르크스주의자들에 대해 이렇게 이야기한다.

> 마르크스주의의 역사이론 또한, 창시자들과 추종자들의 진지한 노력에도 불구하고, 궁극적으로는 이 점쟁이의 책략[13]을 채택했다. … (중략) … 그들의 예측은 시험가능한 것이었고, 실제로 반증되었다. 그러나 마르크스의 추종자들은 그 논박을 받아들이는 대신에, 이론과 증거를 일치시키기 위해 이 양자[이론과 증거를 의미]를 재해석했다. … (중략) … 결국 이러한 전략에 의해, 그들은 숱하게 선전해 댄 그들 이론의 과학적 지위를 [스스로] 파괴해 버리고 만 것이다(Popper 2001, 90).[14]

---

[13] 이 인용문의 바로 앞부분에서 포퍼는 점쟁이의 책략에 대해 "…불리한 증거에는 주의를 기울이지 않았다. 더욱이, 해석과 예언을 아주 모호하게 해서, 그 이론과 예언이 보다 정확했다면 논박되었을 그 어떠한 것도 설명해 넘길 수 있었다. 그들은 반증을 피하기 위해 그 이론의 시험가능성을 파기해버렸다."라고 말하고 있다(Popper 1994, 83).

[14] [ ] 안의 말은 필자가 추가한 것이다.

이는 결국 '과학성'이란 이론이 반증가능한 논리적 구조를 가지는 것만으로는 충족되지 못한다는 것을 의미한다. 이론 자체가 반증가능해야 할 뿐만 아니라 반증을 수용하는, 그리고 가혹한 반증에 자신의 이론을 과감히 내던지는 연구자의 태도가 동반되지 않고서는 결코 과학이라 할 수 없다는 것이다. 반증가능성을 상실한 이론은 비판이 구조적으로 불가능하기 때문에 비과학적이고, 과학적인 지식이라 하더라도 반증을 거부하면 자기 스스로에 의해 과학성은 산산조각난다.

과학적 지식과 비과학적 지식의 구획기준으로서의 포퍼의 반증가능성 원리는 결국 두 가지 차원으로 요약된다. 첫 번째로 논리적인 차원이다. 여러 번 강조했듯, 반증가능성은 어떤 과학적 진술이 경험적으로 반증될 수 있는 논리적 구조를 갖추었느냐의 문제다. 실제로 반증되었느냐 또는 반증되지 않았느냐는 문제되지 않는다. 앞서 인용했던 포퍼의 말처럼 만일 어떤 이론이 과학이 탐구의 대상으로 하는 '사실'에 관한 것이라면 그것은 분명 반증가능하기 때문이다.

두 번째로 과학자의 태도 문제다. 마르크스주의에 대한 포퍼의 비판에서 나타나는 것이 바로 이러한 부분이다. 아무리 과학적인 이론을 주장했다 하더라도 스스로가 교묘하게 비판을 피하기 위한 술책을 쓰게 되면 이는 더 이상 과학자라고 부를 수가 없다는 것이다.

그럴듯하지만 사실은 교묘한 점쟁이의 술책에 불과하다.[15]

위에서 예로 든 '혈액형 척척박사'는 A형 이라는 혈액형에 대해 "내성적인 성격이지만 친해지면 까부는 스타일"이라고 하고 있다. 물론 저 만화의 모든 내용을 이 글에 담을 수는 없지만 위의 만화에 등장하는 혈액형 척척박사는 저런 방식으로 모든 것을 설명해낸다. "이렇기도 하고, 저렇기도 하지"라면서 모든 것을 설명하고 있는 듯 말한다. 혈액형 척척박사의 "자넨 간장게장을 좋아하기도 하고 안 좋아하기도 하지."라는 말에 주인공이 "간장게장은 그냥 싫은데요?"라고 반박하자 "닥쳐! 자네가 3일 동안 굶게 되면 그 때도 간장게장이 싫을까?"라고 하며 반박으로부터 도망친다. 우스갯소리로 만든 만화일지는 모르지만 이 만화에서 나타나는 사이비 과학자의 모습은 경계해야 할 모습이다. 과학자라는 이름을 가진 사람이라면 조금 용감해질 필요가 있는 것이다. 포퍼는 과학적 지식에, 그리고 과학자들에게 보다 대담해질 것을 요구하고 있다. 설령 틀리면 어떤가? 틀림으로써 '내가 틀렸다'는 것을 배웠고 그것을 통해서 한 걸음 더 나아갈 수 있다는 사실을 발견했다면 그것으로도 많은 소득이 아닌가?

4. 생각은 자유다

포퍼가 제시하고 있는 반증가능성이라는 기준은 철저히 논리적인 기준이다. "고양이는 다리가 다섯 개다"라는 가설은 논리적으로 타당한 가설이다. 가설이 경험적으로 반증될 수 있는 논리적 구조를 가지

15 네이버 웹툰 작가 이말년 블로그. Yahoo 금요 씨리즈 "혈액형 척척박사님" 〈http://blog.naver.com/zilioner?Redirect=Log&logNo=150045139567&from=postView〉(검색일 2012.11.28).

고 있기 때문이다(어차피 바로 반증되겠지만). 이러한 요건만 충족된다면 우리는 어떠한 가설이든 세울 수 있다. 실제로 반증된(또는 반증될) 문제이냐는 다음 문제다. 즉 최소한 이러한 가설을 세우는 것 자체가 비과학적이지는 않다는 것이다. 논리적으로 반증할 수 있는 형태라면 그 무엇이든 가설이 될 수 있다. 포퍼가 말하는 주장argument의 근원에 대한 견해를 인용하면 다음과 같다.

> … 따라서 … "당신 주장의 근원이나 근거는 무엇인가?", "어떠한 관찰이 그러한 주장을 하게 했는가?"에 대한 나의 답변은 다음과 같을 것이다. "나는 알지 못한다. 나의 주장은 짐작에 불과했다. 그러한 짐작의 원천이 될 수 있는 근원에 관해서는 신경 쓰지 말라. 가능성 있는 근원은 많이 있으며 나는 그것들 중 절반도 모른다. … (중략) … 당신이 내 주장을 논박할 수 있으리라고 생각되는 어떤 실험적 시험을 고안할 수 있다면 나는 기꺼이 전력을 다해 당신이 내 주장을 논박하도록 도울 것이다."(Popper 2001, 66)

이러한 맥락에서 보았을 때, 가설의 제시와 비판을 핵심으로 놓고 있는 포퍼의 과학에 대한 이해는 민주적이다. 민주주의 정치체제가 비판을 허용하지 않는 권력을 인정하지 않듯, 포퍼 역시 비판을 허용하지 않는 지식 또한 인정하지 않는다. 자유로운 주장과 그에 대한 비판의 순환작용이 민주주의 사회가 유지되는 방식이라면, 과학 역시 자유로운 문제의 설정, 즉 가설의 제시와 그에 대한 비판의 순환으로 이루어지기 때문이다.

그러나 이는 아무렇게나 마음가는대로 해도 된다는 이야기는 아니다. 아무리 민주주의 사회라도 다른 사람을 자기 마음대로 비방하거나 다른 사람들을 해칠 자유는 없다. 민주주의 사회가 다원성을 기초로 하지만 최소한 지켜야 할 규범조차 존재하지 않는 것은 아니다. 과학에 있어 이러한 규범은 다름 아닌 논리다. 사실 애초에 논리적으로 타당하지 않은 진술은 가설이 되지 못한다. 논리적으로 말이 되지 않는 말은 최소한 과학의 세계에서는 그저 무의미한 말일 뿐이기 때문이다. 따라서 가설은 '사실'로부터는 자유롭되, 논리적이어야 하며 반증가능한 논리적 구조를 갖춰야 한다.

논리적 기준이 충족되었다고 한다면 연구문제research problem를 설정하는 것은 자유로워야 한다. 만일 이것마저도 자유롭지 못하다면 과학은 까다로운 연구방법과 거부할 수 없는 객관적 사실의 압박 속에 시달리기만 할 뿐인 '지독히도 재미 없는' 일일 것이기 때문이다. 이미 논리라는 강한 규범을 가지고 있는 과학이 연구자의 인식의 자유와 상상력마저 제한한다면 이는 고문에 가까운 일일 것이다. 인식의 자유를 박탈당한 채로 지식생산을 무의식적으로 반복해야 하는 것이 과학자의 삶이라면, 이는 인간의 창조성을 실현하는 삶이 아니라 과학적 교조라는 감옥에 갇힌 수인囚人에 불과한 삶이 아니겠는가?

그러므로 생각은 자유롭다. 아니, 자유로워야 한다. 인간이 본연적으로 가질 수밖에 없는 주관과 직관, 상상을 교조doctrine로 억누른다면 과학이라는 행위를 통해 인간은 아무것도 성취하지 못하며 단지 과학이라는 체계에 속박된 포로에 불과해질 것이다. 자유로운 생각이 허용되는 토대 위에서 비판이 가능했고 진보가 가능했다. 자유롭게 생각하는 일은 개별 인간이 지니고 있는 고유한 존재로서의 '인간됨humanity'을 실현하는 일이다. 자유로운 생각을 펼침으로서 우리는 진정한 '나'로서 살 수 있었고 이는 한 인간으로서의 존엄한 권리다. 그러므로 과학적 지식생산행위는 인간으로서의 본연적 자유, 즉 생각의 자유를 실현할 수 있는 행위여야 한다. 과학적 지식은 인간의 자유로운 생각에 의해 만들어지는 것이지, 인간의 자유로운 생각이 과학적 지식을 위해 봉사하는 것이 아니기 때문이다.

참고문헌

김웅진 · 김지희. 2005. 『정치학연구방법론』. 서울: 명지사

한국천주교중앙협의회. 2008. 『가톨릭 교회교리서』. 서울: 한국천주교중앙협의회.

Heisenberg, Werner. 1971. *Physics and Beyond: Encounters and Conversations*. New York: Harper & Row.

Popper, Karl저 · 이한구 역. 2001. 『추측과 논박』. 서울: 민음사.

Popper, Karl. 1974. "Replies to my Critics." P. A. Schilpp, ed., *The Philosophy of Karl Popper*, 961-1197. La Salle: Open Court Publishing.

______. 1985. "The Growth of Scientific Knowledge." D. Miller, ed., *Popper Selections,* 171-180. Princeton: Princeton University Press.

______. 1993. *The Myth of the Framework: In Defence of Science and Rationality*. New York: Routledge.

______. 2002. *The Logic of Scientific Discovery*. New York: Routledge.

제2장 구획의 문제와 과학적 우월성

정 혜 욱*

1. 과학, Something Superior

> '영업은 과학이다!', '온돌은 과학이다!'
> '부동산은 과학이다!', '침대는 과학이다!' '스포츠는 과학이다!'
> '인터뷰는 신뢰와 정보를 얻어낼 수 있는 과학이다!'

포털사이트의 검색란에 '~과학이다'라는 검색어를 입력하면 이상과 같은 문구를 확인할 수 있다. 검색 결과를 일별해 보면 과학이란 용어가 참 두루두루 사용되고 있다는 사실을 알 수 있다. 그 경계가 흐릿해서 도무지 갈피를 잡을 수 없을 정도다(Nagel 1979, 2). 이러한 정황은 우리가 바야흐로 과학의 시대를 살고 있음을 새삼 절감하게 만든다. 이쯤 되면 중세에 종교가 누리던 위상을 과학이 가로챘다고 해도 무리가 아닐 듯싶다(김기봉 2006, 54). 우리 사회에서 과학은 일찌감치 특권적 지위를 차지하고 있었으며, 이를 과학계 내부에서도 분명하게 인식하고 있다(Russell 2011, 310).

현시대에 과학은 이따금 지나치다는 지적을 받을 정도로 다대한 영향력을 행사하고 있다. 하지만 정작 '어디서부터 어디까지가 과학

* 한국외국어대학교 대학원 정치외교학과 박사과정

이고, 어떻게 과학임을 규명할 수 있는가?' 따위의 기본적 정체성을 묻는 질문에는 제대로 답변하지 못하고 있다. 다만 포퍼Karl Popper가 주장한 지식의 반증가능성falsifiability(Popper 1999, 31-32)이 과학성의 구획기준으로 모호하게 수용되고 있을 따름이다(김웅진 2009, 30). 요컨대, 과학의 범위를 획정하는 일은 제쳐 두고 너나없이 과학을 표방하기에 바쁜 상황이라고 정리할 수 있다. 그렇다면 과학철학의 '난제難題'로 치부되는 이른바 '구획의 문제problem of demarcation'가 '미제謎題'로 남아 있는 까닭은 무엇일까? 이것에 대해서는 두 가지로 설명이 가능하다. 모든 풀리지 않는 문제가 그러하듯, 구획의 문제 역시 풀 필요가 없거나 이미 풀린 문제일 소지가 크다.

과학과 비과학을 경계 짓는 근원적 동인이 무엇일까? '구획기준demarcation criteria'이라는 개념을 최초로 언급한 포퍼가 과학에는 무언가 특별한 것이 있다고 굳게 믿었다는 점에 착안하면, 구획을 통해 과학 특유의 월등함을 드러내고자 했음을 짐작할 수 있다. 포퍼는 과학적 지식야말로 인류가 지닌 최상의 지식이며 가장 중요한 지식이라고 여겼다(김웅진 외 2011, 62). 그에게는 과학지상주의자라는 비난이 꼬리표처럼 따라붙었지만 과학에 대한 그의 신뢰는 확고부동했다. 그러므로 포퍼가 구획의 문제에 그렇게 골똘했던 이유는 과학의 우월성을 입증하기 위해서라고 볼 수 있다.[1] 바꿔 말하면 구획의 문제는 우월성 입증을 위한 선행 작업에 해당한다. 그런데 구획의 문제가 결국 우열의 문제로 귀결된다면, 골치 아프게 범위를 설정하기 위해 애를 쓸 필요가 없어진다. '과학적'인 것 앞에서는 정치적 이념이나

---

1 과학주의의 맥락에서 과학과 비과학을 나누는 이유는 단순히 이 둘을 구별·확인하기 위해서가 아니라, 과학적인 것이 비과학적인 것보다 훨씬 더 가치가 있다는 것을 나타내기 위해서이다(Sorell 1991, 9).

종교적 신념을 막론하고 고개를 떨구어야 하는 현대인의 면면(고인석 2003, 6)에서 과학의 우월적 지위는 충분히 증명되고 있다. 구태여 범위를 설정하겠다고 나서는 포퍼의 견해는 과학에 대한 우월감을 재확인하자는 것에 불과하다.

한편, 구획의 문제를 이미 풀린 문제라고 풀이할 수도 있다. 구획의 문제가 수수께끼로 남아 있는 것처럼 보이는 이유는 문제의 출제자인 포퍼가 속내와는 다른 정답을 내놓았기 때문이다. 오늘날 대부분의 철학자가 구획의 필요성 내지 가능성에 관한 포퍼의 견해에 동의하고 있다. 그러나 반증가능성이 유일하고도 확실한 기준이라는 의견에 신랄한 비판이 가해지면서(Pigliucci 2012, 9) 구획의 문제가 답보 상태에 놓이고 만 것이다. 그렇다면 포퍼가 반증가능성이라는 낯선 개념으로 논란을 야기한 이유는 무엇일까? 포퍼가 1920년대 말엽(Popper 1963, 39)에 경계 설정의 문제를 정식화하고 반증가능성이라는 기준으로 이 문제를 해결하려고 했던 배경에는 과학으로 위장해서 학문적 지위 상승을 꾀하는 시도를 차단하려는 취지가 있었다. 과학을 높이 평가하는 시의에 편승하여 우후죽순 과학을 참칭하는 상황에서, 구획의 준거가 있다면 이것을 사용하여 사이비 과학의 기만을 폭로하는 일이 가능해진다. 가령 말하자면 당시 유행한 프로이트주의와 마르크시즘 같은 이론을 과학의 영역에서 몰아내기 위한 잣대가 필요했는데, 그것이 바로 반증가능성이던 것이다.

그런데 포퍼의 입장을 액면 그대로 받아들이면 곤란해지는 게 자못 많다. 포퍼의 의도대로 마르크스의 이론, 프로이트의 정신분석학을 과학의 영역에서 몰아내려다 보면 뉴턴까지도 도매금으로 매도되기 십상이다. 쉽게 말해 반증가능성이라는 기준을 엄격히 적용하다 보면 남아나는 과학이 없어진다는 이야기이다. 근대 과학을 논할 때 누구와도 비교할 수 없을 만큼 중요하고 위대한(쑨자오룬 2009, 259) 뉴턴이 만일 반증주의를 의식해서 자신의 이론을 철회했더라면 그가 일생을 걸고 매진한 진리를 향한 투쟁은 무위로 그치고 말았을 것이다. 경우에 따라서 뉴턴은 사이비 과학자들이나 비과학자들이 쓸 법한 수단도 서슴지 않고 사용했기 때문이다.[2]

그렇다면 포퍼가 과학사의 실제와 부합하지 않는 구획기준을 내놓은 것은 무지의 소치일까? 현대 과학철학과 사회철학에서 독보적인 업적을 성취했다고 평가받는(홍성욱 외 2011, 79) 포퍼의 명성은 그저 허명에 불과한 것인가? 그러나 포퍼가 애잔할 정도로 소박한 반증주의를 표방한 까닭은 따로 있다. 즉, 몰라서 그랬을 리는 없다는 뜻이다. 우선 포퍼의 방법론은 규율을 제시한다는 측면에서 규범론이었지, 과학자들이 실지實地로 사용하는 방법에 대한 기술이 아니었음을 알아야 한다. "어떤 문제에 대한 해결책을 제안하고 그 해결안을 고수하려 하기보다는 다시 최선을 다해 그것을 뒤집어엎기 위해 애써야 한다"는 포퍼의 견해에는 강한 규범적 요소가 내재해 있다(홍성욱 외 2011, 78).

아울러, 반증주의가 과학자를 극도로 성찰적인 존재로 묘사하는 데 더없이 효율적인 개념이라는 사실 역시 이해해야 한다. 이에 따르면, 과학 행위에 임하는 과학자들의 연구 태도는 구도자求道者의 그것이나 다름없다. 그렇기 때문에 과학자들을 우쭐하게 만든다. 비록 우회적

2 예컨대, 뉴턴은 프린키피아가 출간되던 당시 만유인력 법칙으로 계산한 달의 공전 주기와 실제 관측치에 큰 차이가 있음을 인지하고도 이를 짐짓 모른 체했다. 이뿐만이 아니다. 공기 속에서 음파의 속도를 계산하는 문제에서 뉴턴은 실제 값보다 20퍼센트나 차이가 나는 값을 예측했다. 이런 정도의 오차는 이론 체계의 근본적 결함에서 비롯되는 것이지만, 그는 이 이론을 폐기하지 않고 슬며시 넘어갔다(장대익 2008, 88).

이기는 하나 과학의 독자적 우수성을 과시하는 데 이만큼 효율적인 방법이 또 있을까? 포퍼의 반증가능성에 대해서 이론의 여지가 다분함에도 불구하고 이 기준의 근저에 흐르고 있는 과학우월주의에 대해서는 다수의 과학자들이 호감을 갖고 있다(장대익 2008, 90). 포퍼가 제시한 구획의 문제와 이 문제의 해답에는 다양한 인간 활동 가운데 '과학적인 활동'을 가장 높이 평가하는 그의 입장이 에둘러 반영되어 있고, 이것은 기성 과학계에서도 기꺼이 받아들이고 있으므로 반증가능성이라는 애매한 구획기준이 대체되지 않고 남아 있는 것이다.

오랫동안 과학철학자들은 과학의 본래적 속성 가운데 하나를 구획의 기준으로 삼으려고 노력해 왔으나, 실질적인 구획기준은 '사후적으로 얼마나 우월한가'에 가까웠다. 과학에 무언가 특별한 것이 있다기보다는 특별한 무언가를 과학으로 규정해 왔다는 의미이다. 어찌보면 과학철학계에서 반증가능성을 두고 전개된 일련의 공방은 변죽을 울린 셈일지도 모른다. 실제로는 많은 과학철학자들이 결과적 우열의 관점에서 구획의 문제를 해결해 왔다. 반증주의의 허술한 점을 지적하며 저마다의 구획기준을 제시했던 라카토시Imre Lakatos나 쿤Thomas Kuhn의 입장에는 기왕부터 이러한 측면이 부각되어 있었다. 라카토시와 쿤은 포퍼의 구획기준에 반기를 들고 각기 연구프로그램research programme과 패러다임paradigm 논의를 개진했는데, 이들은 공통적으로 유용성의 측면에서 우열을 가늠하려는 시도를 이어갔다(이상하 136-137). 구획의 문제가 풀린 문제일 수 있나고 언급한 것도 비로 이러한 이유에서였다. 포퍼가 제안했던 반증주의는 연구자들의 지침指針으로 간직될 뿐, 현실에서는 결과적 우월성이 비과학을 과학의 영역에서 축출하는 준거로서 이미 활용되고 있다고 할 수 있다. 이를 반대로 생각해 보면, 과학은 우월하면 어떤 것이라도 포섭한다는 이야기가 된다. 한마디로, 과학 그것은 우월한 어떤 것Something Superior들의 집합이다.

2. 과학적 우월성

(1) 우월성 공방

> 과학은 인간의 마지막 지적 발달 단계이며 인류 문화가
> 일구어낸 가장 값지고 가장 독자적인 성과일 것이다.
> 에른스트 카시러Ernst Cassirer
>
> 과학이 오로지 지식을 향한 갈망에서 시작하여
> 과학 자체를 위해 발달해 나갔다는 믿음은 최상의 경우라도
> 반쪽짜리 진실에 불과하며, 최악의 경우 과학자들이 늘어놓는
> 자화자찬이나 자기기만일 뿐이다. 루이스 맴퍼드Lewis Mumford
> (Derry 2011, 15)

1절에서 말했듯이 과학의 경계를 지어 비과학과 가르는 이유는 이것의 우월성을 드러내기 위해서이다. 따라서 과학의 우월함을 인정하는 사람이라면 구획을 통해 과학 고유의 영역을 확보하고자 노력하기 마련이다. 이와 반대로, 과학의 우월함을 부정하는 사람이라면 구획을 통해 과학 부문이 도드라지는 것이 못내 탐탁지 않을 것이다. 이것은 2절을 시작하며 인용한 두 철학자의 언명에서도 확인할 수 있다. 과학의 우월성을 인정한 카시러는 과학의 독자성을 긍정한 반면 맴퍼드는 과학 발전의 고유성을 자기기만이라고 잘라 말한다. 이렇듯 과

학의 우월성 및 구획에 대한 견해는 양극단을 달리고 있다. 그러나 과학철학의 맥락에서 운위되는 구획의 문제는 대체로 과학의 우월성을 긍정하는 과학주의에 기반을 두고 있다.[3] 하지만 과학철학적 담론을 과학주의 일색이라고 단정 짓기 전에 반드시 따져 봐야 할 의견이 있다. 그것은 다름 아닌 '어떻게 해도 좋다anything goes'는 한 토막의 글에 집약되어 있는 파이어아벤트(Paul K. Feyerabend)의 견해이다.

과학철학계는 모두가 한통속이라고 해도 과언이 아닐 정도로, 과학을 지향하는 사유 양식을 공유한다는 특징을 띠고 있다. 그렇지만 여기에서도 과학의 우월성과 구획을 거부하는 반과학주의자가 아주 없었던 것은 아니다. 파이어아벤트가 바로 그런 예외적 인물이었다. 그는 포퍼의 입장과 대척점을 이루면서 현대 과학의 분석 규준을 전면적으로 부정했다(Feyerabend 1993, 12). 방법론적 아나키스트anarchist라는 별명에 걸맞게 과학적 방법의 고유성과 우월성을 고집하는 것은 현실적이지 못할 뿐만 아니라 바람직하지도 않다는 입장을 표명하면서 과학을 다른 지적 활동과 구분하는 것을 반대했다. 파이어아벤트에게 과학지상주의는 점성술이나 심령술, 혹은 침술만의 우수성을 고집하는 것과 별반 차이가 없었다.

파이어아벤트가 보기에 과학주의자들은 매우 경솔하게 과학을 칭송하거나 다른 형태의 지식을 폄훼한다. 충분한 검증 과정도 거치지 않고 섣부르게 과학이 다른 분야보다 우월하다고 판정해 버린다는 뜻이다. 그는 과학이 여타 분야에 비해 우월하다는 사실을 뒷받침할 수 있는 결정적 요인이 존재하지 않는다고 생각했다. 파이어아벤트의 관점에 따르면, 모든 이론이 나름대로의 유용성을 발휘하며 공존할

[3] 과학주의(Szientismus)에 관해서는 이선관(2005, 44) 참조.

수 있다. 그 중 무엇이 더 올바른지 혹은 더 유용한지를 따지는 기준은 없다. 그러니 고전 역학이 상대성이론에 비해 열등한 것으로 여겨질 이유도 없고 과학이 마술보다 우등한 것으로 여겨질 이유도 없다. 고전 역학이든 상대성이론이든, 과학이든 그렇지 않든 모두가 한데 어우러져 대등한 위치를 점유할 수 있어야 한다고 본다. 그러므로 과학 안팎에서 자행되는 가치의 서열화 작업은 근절되어야 마땅하고, 모든 형태의 지식이 저마다의 의의意義를 인정받아야 한다고 강조한다(이상하 2004, 137-138).

예를 들어서 종교와 신화 등이 과학적 논의에서 배제될 만한 근거는 없다. 오히려 경험적인 지식에만 의존하는 것이 다원화된 현대사회에 부적합하고, 인류의 창의력을 소진시킬 수 있다고 경고한다. 파이어아벤트에게는 창조과학과 점성술은 물론 초심리학과 마술에 이르기까지 과학이 아닌 것이 없다. 그는 과학행위가 엄정한 방법론적 규준에 입각해서 진행되는 것이 아니라 연구자의 성향 및 직관이 얼마든지 개입될 여지가 있다는 측면에서 예술과도 가깝다고 생각했다. 과학과 예술의 차이가 단지 무엇을 재료로 사용하였느냐에 달려 있다는 것이다. 이를테면 음악이라면 어떤 음률과 리듬을 썼는지, 회화의 경우라면 아크릴이나 유화, 페인트 등 어떤 물감을 사용했는지 조소라면 대리석을 재료로 사용했는지, 아니면 동이나 주석 등 어떤 금속을 사용했는지가 그것이다. 과학은 단지 사용하는 재료가 사고일 뿐이다(김웅진 외 2011, 154). 그 외에 근본적인 상이점은 없다.

마지막으로, 파이어아벤트는 비과학으로 치부되는 전통들이 열등했기 때문에 소멸되었다는 과학주의적 발상에도 반대한다. 과학주의자들은 서구 과학과의 경쟁에서 패퇴한 비과학적 전통의 수준을 저열한 것으로 판정해 버렸다. 그리고 이것을 부활시키려는 일체의 시도를 무용無用한 일쯤으로 간주한다. 하지만 파이어아벤트의 생각은 달랐다. 그는 서구 과학이 승리를 거두는 과정이 정당하지 못했다고 지적한다. 즉, 비과학적 전통이 도태의 수순을 밟을 수밖에 없었던 까닭을 경쟁의 불공정에서 찾았다. 미국의 인디언들이 몰락하게 된 과정에서 살펴볼 수 있는 것처럼, 서구 과학의 승리는 군사적 압력의 결과일 뿐이라는 것이 그의 입장이다(김웅진 외 2011, 161-166). 파이어아벤트가 생각했을 때, 서구의 과학 문명이 비서구 지역에 유입된 원인은 그들의 주장이 본질적인 진실함을 보여주었기 때문이 아니라, 서구 문명이 더 강한 무기를 만들어 냈기 때문이었다.

(2) 우월성 공방?

파이어아벤트가 포퍼를 위시한 과학주의자들에게 심각한 적개심을 표출한 것은 명백한 사실이다. 그는 과학과 비과학을 나누거나, 과학의 우수성을 들먹이는 것을 헛소리라고 일축한다. 이러한 주장은 비서구 문명에 대한 몰이해에서 비롯되었다는 입장이다. 다시 말해서 잘 알지도 못하는 사람의 삶과 그 사람의 처지에 대해 추상적으로 논의하는 무례를 범하지 말아야 한다는 것이다. 파이어아벤트는 오늘날 서구의 과학이 세계 전역에서 만연할 수 있었던 동인은 강한 무기를 만들어 냈기 때문이지, 과학주의자들이 주장하는 대로 본질적 진실성을 갖추었기 때문이 아니라고 일갈한다. 그에 따르면 근대 과학의 성취는 정치 및 경제적 요소에 토대를 둔 군사적 압력 행사의 소산일 따름이다. 합리성을 가장 모범적으로 구현하는 장치로서의 과학은 애당초 존재한 적이 없다. 과학의 합리성 따위를 운운하는 사람들은 누추하기 짝이 없는 과학사를 본체만체한 사람들임에 틀림없다.

이 정도의 반골 기질이라면 그를 과학철학계의 이단아로 명명하는 데 거리낄 것이 전혀 없을 듯싶다. 그런데 어찌된 영문인지 그를 반과학주의자로 규정하는 것이 그의 허풍 장단에 맞춰 춤을 추는 일일지도 모른다는 평가가 있다(고인석 2003, 25). 과학에 대한 적의가 이것에 대한 애착에서 비롯되었다고 풀이한 것이다. 즉, '이게 다 과학 잘되라고 한 소리'였다는 의미이다. 이렇게 되면 파이어아벤트가 성토한 과학적 합리성은 결과적으로 과학의 진보를 저해하게 될 협소한 형태의 합리성이었으며, 과학을 향해 퍼부었던 독설 역시 실질적으로는 과학을 위한 고언苦言이었다는 말이 된다. 그가 그리는 바람직한 과학 활동의 모습, 그리고 과학적 진보가 지속되는 여건을 마련하기 위해서는 비판이 가능한 한 촉진되어야 한다. 그러므로 그가 비판의 날을 세운 이유는 과학의 발전을 위해서였지, 과학을 전복하기 위해서가 아니었다.

파이어아벤트는 포퍼가 하나의 정합적인 이론 체계만을 합리적으로 채택 가능하다고 상정하면서 비판의 공간을 축소하고 있다고 판단했다. 아울러 그는 적극적 비판을 통해 합리성을 보다 폭넓게 추구할 수 있는 틀을 제시한다. 이상의 논의를 토대로 할 때 포퍼가 구상하고 있었던 과학적 진보는, 포퍼 자신이 제안한 구도에서보다 오히려 파이어아벤트의 구도에서 수월하게 이루어질 것으로 보인다(고인석 2003, 24-25). 공교롭게도 과학철학 담론의 전개 과정에서 파이어아벤트라는 인물 자체가 포퍼가 말하는 과학적 합리성, 즉 비판성의 화신化身, incarnation이라 할 수 있다. 게다가 방법론적 아나키즘이 논의의 중심이 된 것만으로도 서구 과학방법론의 완성도가 제고되었다고 볼 수 있다. 그의 반과학적 언사言辭를 곧이곧대로 믿었다가는 정말로 허풍 장단에 맞춰 춤을 추는 꼴이 되어 버린다.

3. 과학적 우월성의 실체: 유용성의 예술

앞선 절에서 파이어아벤트가 표방한 반과학주의가 실제로는 과학주의의 또 다른 형태일 수 있음을 설명했다. 그런데 아이러니한 것은 그의 견해가 과학의 우월성을 쓸모의 영역으로 제한하면서 이것의 구체적 성격을 드러낸다는 사실이다. 과학의 범위 획정을 거부했던 파이어아벤트에 의해 과학적 우월성의 실체가 확인된다는 말을 어떻게 이해해야 할까? 3절에서는 과학의 우월성과 구획 모두를 거부했던 파이어아벤트의 견해로부터 과학적 우월성의 구체적 속성이 도출되는 역설적 경위에 대해서 살펴볼 것이다.

전통적 과학관에 입각했을 때, 과학의 성공 원인은 모름지기 합리성 때문이다. 그런데 그 합리성은 '올바른' 방법이 있었기에 달성이 가능했다. 그러므로 전통적 과학관에서 과학이란 이성적인 작업이며, 그 점에서 과학과 비과학은 구분되고, 과학은 다른 분야보다 우월하다는 주장으로 귀결된다. 하지만 상술했듯이, 파이어아벤트의 언명에 근대 과학의 본래적 탁월함을 긍정하는 내용 따위는 전무全無하다. 그는 근대 과학이 거둔 성과는 군사적 위계에서 비롯되었을 뿐이라고 단언한다. 막강한 군사적 폭력을 앞세워 억지로 가치를 인정받았을 따름이지, 서구 과학의 '올바름' 때문에 성공한 것은 결단코 아니라는 이야기다. 그렇지만 어찌된 일인지 서구 문명이 더 강력한 무기를 만들어 낼 수 있었던 과정에 대한 설명은 없다. 비서구를 군사적으로 겁박하는 데 사용했다는 그 무지막지한 힘이 거저 주어지지는 않았을 텐데 말이다.

과학의 우수함과 군사적 역량을 전혀 다른 차원에서 해석했던 파이어아벤트의 견해와 달리 둘 사이에는 불가분의 관계가 있다. 이는 그가 그토록 강조했던 역사에 의해 증명된다. 인류의 발전에 가장 큰 공헌을 한 것이 과학이었다면, 그런 과학의 발전에 박차를 가한 것이 바로 전쟁이었기 때문이다. 치명적 무기 개발을 위한 분투는 좀 더 뛰어난 과학기술의 보유로 연결되었다. 현대 과학의 거의 모든 분야도 전쟁 기술의 개발에 그 뿌리를 두고 있다. 화학은 효과적인 폭발물을 찾는 과정에서 싹텄고, 천문학은 해전에서 효율적인 항해를 하기 위해 생겨났으며, 수학은 무기 탄도학으로부터, 야금학冶金學[4]은 날이 있는 무기와 총기류의 개발로부터 발전된 것이다(Volkmam 2003, 30). 이뿐만 아니라, 오늘날 소비재에 쓰이는 기술 중 대다수가 군軍으로부터 나왔다. 비닐봉지에서 헤어스프레이, 구글 어스google earth에 이르기까지 우리가 일상적으로 사용하는 현대 기술 대부분이 군사비를 쏟아 부어 개발된 것이다(Nowack, 2012, 17).

인류 역사에서 전쟁이 없었던 기간은 전체의 1/10에도 채 미치지 못한다. 이런 측면에서 홉스가 자연 상태를 만인의 만인에 대한 투쟁이라고 묘사한 것은 실제와 상당히 부합한다고 할 수 있다(Volkmam 2003, 28). 쉴 새 없이 전쟁이 일어났으니, 장기간의 평화 상태가 오히려 비정상적 상태라고 해야 할 것이다. 따라서 과학이 전쟁이라는 처절한 일상에서 살아남기 위한 인간의 노력과 분리된 적은 거의 없었다. 고대 희랍의 지성들로부터 포퍼에 이르기까지, 과학은 오로지 진리 추구에만 헌신하는 학문이며 엄격하게 순수한 지식의 축적에 기여해야 한다는 주장은 끊임없이 제기됐다. 소크라테스, 플라톤, 아리스토텔레스 모두 과학이 사회경제적 목적들과 철저히 유리되어야 한다고 했지만, 현실에서는 열렬한 애국자이기도 했다. 그들은 세계

[4] 광석에서 금속을 골라내는 일이나 골라낸 금속을 정제 · 합금 · 특수 처리해서 금속 재료를 만드는 작업에 관한 원리, 방법, 기술 따위를 연구하는 학문이다.

지도상에서 아테네를 지워버리겠다고 결심한 페르시아의 군대가 그리스 앞에 나타났을 때, 과학의 유용성이 어떻게 현실과 무관하게 방치될 수 있는지 설명하지 못했다(Volkmam 2003, 75). 심지어 과학의 실용성을 경멸한 아르키메데스조차도 조국의 전쟁을 도왔을 정도로 과학과 군사적 유용성은 떼려야 뗄 수 없이 연결되어 발전해 왔다.

기원전 3세기 중반 알렉산드리아에서 연구활동을 했던 아르키메데스는 뉴턴, 가우스와 더불어 인류가 낳은 3대 수학자로 손꼽히는 인물이다. 그는 수학과 기계학 부문에서 획기적인 업적을 숱하게 남겼다. 그 중에서 가장 중요한 것은 물체를 유체에 넣었을 때 물체가 받는 부력의 크기는 물체의 부피와 같은 양의 유체에 작용하는 중력의 크기와 일치한다는 아르키메데스의 원리이다. 이 원리는 유체정역학과 해양학의 토대를 이루었다. 그러나 아르키메데스가 과학사에서 차지하는 의미가 막중한 이유는 그가 남긴 업적 때문만은 아니다. 그의 생애 자체가 순수한 과학적 탐구 정신의 아키타이프archetype로서 전해지고 있다는 점에 더 큰 가치가 있다. 아르키메데스가 목욕탕에서 부력의 원리를 발견한 순간 "유레카Eureka"를 외치며 실오라기 하나 걸치지 않은 알몸으로 거리를 활보했다는 이야기나, 죽음을 무릅쓰고 연구에 몰두했다는 이야기는 순교자들의 성인열전을 방불케 한다.

위에서 잠시 언급했듯이, 아르키메데스는 자신의 과학적 성과물이 실용적인 용도로 사용되는 것을 경멸했다. 로마의 역사가 플루타르코스Plutarchos에 따르면 아르키메데스는 수학에서 자신이 찾아낸 근본적 발견 이외의 작업을 불명예스럽고 저속한 것으로 치부했다고 한다. 여기에서 근본적 발견이라는 것은 주로 다양한 기하학적 도형의 면적을 계산하는 공식과 구체의 부피를 결정하는 공식들이었다. 이 때문인지 그가 저술한 과학 문헌 중에 실용적 장비에 관한 책은 현전現傳하는 게 하나도 없다. 그러나 아르키메데스는 기원전 215년 조국 시라쿠사가 전쟁의 위기를 맞이하자, 자신의 과학적 역량을 전쟁 수행에 기꺼이 바쳤다. 국가 병기창의 책임자로서 그는 진보적인 병기를 수없이 고안해 냈다. 그 중에는 600파운드의 납덩어리를 들어 올릴 수 있는 거대한 기중기, 화약 다발을 발사할 수 있는 속사식 캐터펄트 catapult도 있었다. 아르키메데스의 생애에 그려진 그의 상반된 면모에서 과학의 양면성을 읽어 낼 수 있다. 요컨대, 과학은 같은 사람을 구도자로 만들기도 하고 전쟁 영웅으로 만들기도 한다(Volkmam 2003, 78-79).

과학적 탁월함과 군사적 유용성 사이의 결탁 관계는 서구 문명의 수준이 비서구를 추월하기 시작했던 근대에 이르면 한층 심화된다. 그리고 이 결탁의 성공을 일컬어 과학혁명이라고 한다. 과학혁명기의 새로운 과학자들은 참다운 과학 지식은 실용적 기술의 발전에 기여할 것이라고 주장했다. 이러한 믿음은 17세기를 통해 널리 받아들여지게 되었고, 실용적 응용을 꾀해서 과학을 연구하는 실용주의 과학정신의 바탕이 되었다. 당시 우후죽순 생겨난 과학단체들이 그 설립 목적으로 실용적 과학을 표방했던 사실은 이를 잘 보여 준다. 과학의 발전이 기술의 발전을 추동한다는 관념은 이 당시에 생겨나서 현재까지도 존재하고 있다. 이런 생각이 과학 연구에 종사하는 것에 대한 합리화 수단으로서, 또 과학 활동에 대한 지원을 얻기 위한 명분으로서 여전히 통용되고 있는 것이다.

과학혁명의 첨단尖端에 있었던 갈릴레이 역시 과학의 유용성을 중요하게 여겼다. 갈릴레이는 플라톤의 선례에 따라 그의 저작을 대화편으로 썼는데, 그가 집필한 대화편에는 병기창이 배경으로 등장한다. 갈릴레이의 조국인 이탈리아는 아직 통일되어 있지 않았고, 프랑스를 비롯한 강대국들의 핍박을 받고 있었다. 따라서 갈릴레이의 물리학에는 병기를 발달시켜 이웃 국가와의 전쟁에서 승리하고픈 열망이 배어 있다. 그의 저작에서 도르래나 지렛대가 자주 등장하는 것도 이런 맥락에서 이해할 수 있다. 과학을 순수 사변적 맥락에서만 이해해서는 곤란하다는 것을 갈릴레이의 예에서도 확인할 수 있다. 아르키메데스와 시대와 공간은 달리 하지만 갈릴레이 또한 연구실과 전쟁터를 넘나들며 과학 행위를 이어 나갔다(김시천, 2008, 227-228).

그렇다고 17세기에 분출된 위대한 과학적 사유가 전적으로 군사 문제에 대한 강박관념에서 비롯되었다고 할 수는 없는 노릇이다. 하지만 치열한 무기 경쟁이 이러한 현상이 빚어지는 데 결정적인 영향을 미쳤다는 사실만은 분명하다. 화약과 대포를 필두로 혁명적 군사 기술이 연이어 출현한 것도 과학 덕택이었으며, 그것을 유지하고 개선하는 일에 핵심적인 역할을 한 것 역시 과학이었다. 군사 분야의 혁명은 새로운 방식의 계산 방법뿐 아니라 정확한 측량 및 설계 방식, 치밀한 관찰과 기록을 위한 도구들을 필요로 했다. 그런 필요성은 대수, 분석 기하학, 미분, 통계학, 항법 보조 기구, 각종 천문학 장비 등의 탄생을 불러왔다. 군사적인 면을 제쳐 놓고 본다면 유럽은 어떤 종류의 이론과학에 대해서도 거의 흥미를 보이지 않았고, 심지어 그것들을 쓸모없는 것으로 간주하기까지 했다. 과학혁명을 맞이했음에도 불구하고, 유럽 일반의 정향定向은 여전히 마녀들에 대한 망상에 사로잡혀 있을 정도로 비과학적非科學的이었다[5]. 17세기에 독일에서만

5 과학혁명에 대한 고전적 관점에서는 유럽인들의 비이성적인 세계상(世界像)이 과학적 이성주의의 진전 앞에서 산산조각 나버렸다고 주장했다. 하지만 이러한 견해는 최근의 역사적 연구들이 밝혀낸 바에 의해 신빙성을 잃어가고 있다. 마법이나 점성술에 대한 유럽 대중의 신뢰는 18세기가 되어서도 여전히 두터웠다. Peter Dear(2011, 50-60) 참조.

마녀의 마법에 대해 10만 건 이상의 처형 판결이 있었다는 것에서 이 시대의 비과학적 정서를 엿볼 수 있다.

당시의 통치자들 역시 군사력 증강에 도움이 되지 않는 과학에 대해서는 별 관심이 없었다. 그래서 오랫동안 궁전의 습한 골방에서 쓸데없는 연구에 매진하던 연금술사들에게 새로운 요구를 하기에 이르렀다. 그 요구는 바로 화약 개발에 관한 것이었다. 대포로 인해 야기된 엄청난 군사적 경쟁 구도가 연금술사들의 업무를 실용적으로 전환시켰고, 이들을 근사한 화학자로 만들기까지 했다. 만일 화약이 유럽에 도입되지 않았다면, 이들은 여전히 사이비 과학자로 남아서 골방을 지키고 있을 것이다. 이 과정에서 현대적 개념의 화학이 탄생했다. 현대 물리학의 성립 과정도 비슷했다. 절망적일 정도로 비실용적인 문제에만 매달려 왔던 그들의 고독한 명상은 일반 대중이나 위정자들의 이목을 전혀 끌지 못했다. 그러나 군사과학이라는 실용성의 장場에 뛰어들면서 현대 물리학은 비로소 태동했다. 타르탈리가 아리스토텔레스 물리 법칙의 한계를 극복하고 개척한 탄도수학은, 화약이 촉발시킨 군사적 파괴력을 증폭시키기 위해 부심하던 과정에서 성립되었다.

이상의 논의로부터 군사적 유용성이야말로 가장 확실한 과학의 구획기준이었음이 드러난다. 그러므로 과학성과 군사적 유용성을 별도의 층위에서 해석한 파이어아벤트의 견해는 자가당착에 지나지 않는다. 그는 서구 과학의 인식론적 우월성을 부정하는 과정에서 이것의 결과적 우월성, 즉 유용성을 수긍했다. 달리 말해 과학이 실용적 차원에서 특별했음을 지지한 것이다. 뜻밖에도, 과학적 우월성을 한사코 부정했던 인물에 의해서 과학적 우월성의 실체가 규명된 셈이다. 과학을 예술의 일환으로 파악했던 파이어아벤트에게 과학은 '유용성의 예술'이었다.

4. 과학, Something Useful

우리나라에서는 한때 한의학의 과학성 문제를 둘러싸고 치열한 논쟁이 벌어진 적이 있다. 누가 한약을 조제하고 판매할 것인가를 두고 약사와 한의사의 대립이 심각할 정도로 첨예했었다. 이는 과학으로 대접받지 못했던 한의학의 형편을 단적으로 보여주는 사례이다. 이후로 한의학계에서는 과학 콤플렉스를 극복하기 위해 다양한 방법들을 모색했다. 그리고 한의학에 과학성을 기하려는 시도는 주로 방법론의 차원에서 진행됐다. 과학적 적실성과 정당성을 광범위하게 인정받을 수 있는 절차를 구축하고자 진력한 것이다. 그렇지만 정작 한의학의 과학적 측면이 부상浮上된 까닭은 방법론상의 정비整備 때문이라기보다 이것의 유용성이 발휘되었기 때문이었다. 이른바 미병未病 단계에서의 실질적 대처 능력이 신장하면서 한의학은 과학으로서의 위용을 갖추게 되었다.

이렇듯 우리는 우월한 것이면 그게 무엇이든 과학으로 둔갑遁甲하는 과학 본위本位의 시대에 살고 있다. 그런데 여기에서의 우월함이란 과학철학자들이 제시한 방법론적 규준 및 절차상의 탁월성을 의미하지 않는다. 따라서 특정 지식 체계가 어떤 경위를 거쳐서 생성되었는지에 관해서는 불문에 부치는 경우가 많다. 실질적인 혜택을 양산해서 우수성이 인정되면, 얼마든지 과학의 권위를 획득할 수 있다. 그러므로 실용성이 가장 절박하게 요구되는 전쟁 상황과 거대과학Big Science 사이의 유착은 향후에도 더욱 견고해질 수밖에 없다.

유용성 측면에서의 우열이 구획 문제의 관건이 되었다는 이야기는 과학의 인식론적 우월성이 상실되었음을 뜻한다. 이는 과학적 선민의식에 도취된 몇몇 사람들에게는 참혹하게 느껴질지도 모르겠다. 하지만 우리가 그들의 볼멘소리에 귀를 기울일 필요는 없다. 과학적 권위의 본래적 정당화는 과학 발전을 위해서도 부정적이기 때문이다. 그러므로 실용성을 구획의 준거로서 지목하는 것을 방법론의 위축이나 변질로 해석하지 말아야 한다. 도리어 이것은 방법론의 세련화에 가깝다. 과학이고 싶으면 쓸모를 갖추어야 한다. 긴박한 삶의 과제를 외면하는 '고매한 과학'은 이제 사라질 때가 되었다.

참고문헌

김시천. 2008. 『철학으로 과학하라』. 파주: 웅진 지식하우스.

김웅진. 2009. 『과학 패권과 과학민주주의』. 서울: 서강대학교출판부.

김웅진 외. 2011. 『과학의 진보와 창조성』. 파주: 한국학술정보.

고인석. 1995. "파이어아벤트의 포퍼 비판: 이론증식테제의 의미". 『범한철학』 제28권 1호, 5-30.

이상하. 2004. 『과학철학』. 서울: 철학과 현실사.

이선관. 2005. "과학주의에 관하여". 『사회과학연구』 제23권, 151-167.

장대익. 2008. 『과학에는 뭔가 특별한 것이 있다』. 서울: 김영사.

홍성욱 · 신중섭 외. 2011. 『과학철학: 흐름과 쟁점 그리고 확장』. 서울: 창비.

쑨자오룬 저 · 심지언 역. 2009. 『지도로 보는 세계 과학사』. 서울: 시그마북스.

Dear, Peter저 · 정원 역. 2011. 『과학혁명: 유럽의 지식과 야망, 1500-1700』. 서울: 뿌리와 이파리.

Nowack, Peter저 · 이은진 역. 2012. 『섹스, 폭탄, 그리고 햄버거』. 서울: 문학동네.

Pigliucci, Massimo저 · 노태복 역. 2012. 『이것은 과학이 아니다』. 서울: 부키.

Rusell, Burtrand저 · 석기용 역. 2011. 『과학의 미래』. 서울: 열린 책.

Volkman, Ernest저 · 석기용 역. 2003. 『전쟁과 과학, 그 야합의 역사』. 서울: 이마고.

Nagel, Ernest. 1979. *The Structure of Science, Problems in the Logic of Scientific Explanation*. London & Henley: Routledge & Kegan.

Popper, Karl. 1999. *The Logic of Scientific Discovery*. London and New York: Routledge.

Feyerabend, Paul. 1993. *Against Method*. London and New York: Verso.

Kuhn, Thomas. 1977. *The Essential Tension*. Chicago and London: University of Chicago Press.

Lakatos, Imre. 1986. *The Methodology of Scientific Research Programmes.* Cambridge: Cambridge University Press.

Sorell, Tom. 1991. *Scientism: Philosophy and the infatuation with science.* London and New York: Routledge.

과학행위의 추동력

제3장 본성적 행위로서의 과학

서 용 택*

1. 천재들의 유희, 과학[1]

2008년 무렵 인터넷을 꽤나 떠들썩하게 만들었던 사건이 있었다. 흔히 인터넷을 뒤덮는, 이른바 지구 멸망에 대한 루머였다. 이 루머가 흥미로웠던 점은 '예언'과 같은 불분명한 진술에 기대고 있던 기존의 루머와는 달리, 구체적인 과학적 내용에 기반하고 있었다는 점이다. 그 루머는 스위스 제네바Geneva에 위치하고 있는 유럽입자물리연구소 CERN[2]의 대형 강입자가속기強粒子加速機, Large Hadron Collider[3]를 이용한 실

* 한국외국어대학교 대학원 정치외교학과 석사과정

[1] 본 글에서 언급하는 과학은 "감각경험을 통해 인지할 수 있는 상호독립적 단위로 구성되는 인과관계를 파악하는 경험과학적 시각"(김웅진 2011,18-19)을 바탕으로 서술될 것이다. 경험과학적 시각과 대비되는 실재론적 시각도 존재하나, 이에 대한 논의는 김웅진(2011)을 참조하기 바란다.

[2] 유럽입자물리연구소는 프랑스어인 Conseil Européen pour la Recherche Nucléaire의 머리글자를 따서 CERN으로 통칭한다. 1950년대부터 다양한 물리실험을 통해 물리이론을 실험적으로 증명하는 공헌을 하고 있다. 흥미로운 점은 유럽입자물리연구소가 연구를 진행하는 과정에서 물리학자들 간의 정보교환을 위한 수단으로 상호간 문서검색 및 제휴용 HTML(인터넷 구성 언어)과 WWW(월드 와이드 웹)을 만들어냈다는 것이다. 그로 인하여 유럽입자물리연구소는 현대 인터넷의 발상지로도 유명하다.

[3] 유럽입자물리연구소가 스위스 제네바에 설치한 시설로, 물질의 구조를 밝히기 위하여 기본 입자를 빛의 속도에 가깝게 가속시켜 충돌시키는 실험을 진행하고

험에 관한 것이었다. 총 길이가 27km에 이르는 거대한 입자가속기라는 기계의 목적은 다름 아닌 우주 탄생의 근원으로 지목되고 있는 '빅뱅big bang'의 재현. 루머의 내용을 요약하자면, 이 실험의 과정에서 생성될 수 있는 '블랙홀'이 지구를 집어삼켜버릴지 모른다는 것이었다. 필자 역시 이 당시 이런 내용을 다루는 지구 멸망 시나리오가 상당히 많았던 것으로 기억한다.[4] 이런 루머에 진지하게 반응했던 사람들은 입자가속기를 이용하는 실험이 왜 필요한지 따져들기도 했고, 심지어 입자가속기를 가동하지 못하도록 소송을 내는 경우도 있었다.[5] 그로 인하여 유럽입자물리연구소는 특별 팀을 구성하여 안전성에 대한 연구보고를 진행하여야만 했다.

결과부터 언급하자면, 실험은 안정적이고도 정상적으로 진행되었고 필자가 이 글을 쓰고 있다는 점에서 지구는 아무 문제없이 잘 돌아가고 있다. 그리고 현재 유럽입자물리연구소는 이러한 실험을 지속하

있다. 입자가속기는 가속을 시키는 힘이나 가속되는 입자의 종류에 따라 다양한 형태로 분류할 수 있다. 본 글에서 언급하는 강입자가속기의 경우에는 광속에 가깝게 가속시킨 양성자를 충돌시켜 빅뱅을 재현하고자 하는 충돌형 양성자 가속기에 해당한다. 지하 50~150m에 묻힌 원형터널의 형태를 띠고 있는 본 시설엔 약 9조 원 가량의 비용이 투입되었으며, 현재에도 이를 이용하여 지속적인 실험을 진행하고 있다.

4 '다빈치 코드'로 유명한 작가 댄 브라운은 영화화 되었던 그의 또 다른 소설 '천사와 악마'에서 유럽입자물리연구소와 강입자가속기 실험의 위험성에 대하여 극적(劇的)으로 묘사를 하였다. 대중적인 인기를 얻었던 댄 브라운의 소설로 인하여 강입자가속 실험에 의한 지구 멸망의 시나리오가 더욱 힘을 얻었다는 사실도 무시할 수는 없다.

5 실험의 안전성에 대한 우려로 유럽인권재판소와 미국 하와이 연방 지방법원에 입자가속기 가동 중지 소송이 실제로 제기되었다. 하지만 이러한 소송의 주체는 민간인이 아니었다. 전자의 경우에는 이러한 실험을 이해하고 있는 과학자에 의하여 제기되었고, 후자의 경우에도 전직 과학교사와 같이 어느 정도 실험을 이해하는 준(準) 전문가 집단에 의하여 제기되었다.

면서 힉스입자higgs boson[6]를 찾는 행보를 지속적으로 이어나가고 있다.

솔직히 말하자면 실험이 별 문제 없이 진행된 것이 결과적으로 불행인지 다행인지는 판단할 수 없다. 물론 사람들을 불안에 떨게 만들었던 블랙홀이 생겨나지 않았다는 점은 다행이다. 하지만 곰곰이 생각해보면, 강입자가속기를 이용하는 실험이 인류 역사상 초유의 사건이었다는 점에서 분명 불안한 부분도 있었다. (유럽입자물리연구소의 과학자들이 제 아무리 대단하다고 하더라도, 실수하지 말라는 법은 없을 테니까!) 강입자가속기 실험이 유럽입자물리연구소 자체적으로 구성한 특별 팀의 조사로 그런 불안을 최소화 시키면서 진행되었지만, 사실 사람들이 느끼기에는 그랬다.

"입자가속기 실험이 위험해? 정말? 그럼 안 되는데! 어? 다시 안전하다는데? 그래 그럼 별 문제 없을 거야."

이런 반응은 입자가속기 실험의 의미나 위험성이 일반대중에게는 전혀 와 닿지 않는다는 것을 보여준다. -이런 점에서는 별 문제없이 실험이 진행되었다는 사실이 조금 불행하다고 느껴진다.- 바꿔 말하면, 강입자가속기 실험이 일반인들에게 그저 어려운 이야기의 뭉텅이 그 이상도, 그 이하도 아니라는 뜻이다. 사실 과학자들이 모여서 가상의 빅뱅을 일으키고, 무슨 입자를 찾겠다고 하고, 세상이 무엇으로

6 힉스입자는 1964년 피터 힉스(Peter Higgs)의 '입자 질량 가설'에서 제시된 입자물리학의 표준모형에서 핵심을 이루고 있는, (관측되지 않은) '이론적 입자'다. 강입자가속기 실험은 이러한 힉스입자를 관측하기 위한 실험이라 할 수 있으나, 2012년 7월 실험에서도 완벽하게 '관측'이 되지는 않은 것으로 알려져 있다. 이 입자가 발견될 경우 입자물리학 전체의 이론적 통일성(unification)을 갖춘다는 의미를 지닌다. '천재들의 유희, 과학'에서 제시된 다양한 물리학적 지식에 대해 자세한 설명이 필요할 경우 브라이언 그린(Brian Greene)의 엘레건트 유니버스(The Elegant Universe)(박병철 역, 2002 서울: 승산)를 참고하기 바란다.

이루어졌는지 보겠다고 떠들기는 하는데 일반인들이 거기에 무슨 말을 더 할 수 있을까? 그저 가만히 쳐다보고 해석되는 결과만 기다릴 수밖에.

요새 '과학'이라는 단어가 붙는 모든 분야에서는 위와 같이 실생활과 동떨어지고 있는 현상이 나타나고 있다.[7] 지금도 과학자들의 업적과 새로운 발견들이 신문과 잡지에서 연일 보도된다. 하지만 일반인들은 그런 업적에서 파생되는 결과로 자신의 손에 쥐어지는 스마트폰과 태블릿 PC에 열광할 뿐, 그것을 이루게 해 준 과학에 대한 관심을 갖진 않는다. 이렇게 보자면, 우리에게 과학이라는 것은 그저 과학자들만의 이야기인 듯하다.

단적인 예로, 세계에서 가장 권위있는 과학상으로 평가되는 노벨상을 보자. 보통 일반인에게 관심이 있는 주제는 '누가' 혹은 '어느 나라'가 노벨상을 수상 했는지 여부다. 사실 그 사람이 '어떤 과학적 업적'을 이루었는지 자세히 알려고 하진 않는다. "노벨상을 받았다는 것을 보면 뭔가 대단한 일을 하긴 했겠지"라는 지레짐작만이 있을 뿐이다. 이런 현상들을 지켜보고 있으면 언젠가부터 우리의 마음속에는 과학이라는 것에 대해 두꺼운 벽이 쌓여있는 듯하다.

과학은 물론 어렵다. 앞서 언급한 힉스입자에 대하여 쉽게 풀어쓴 신문기사를 읽어보아도 비전공자는 도무지 무슨 이야기를 하는지 알 수가 없다. 비단 자연과학뿐만 아니라 사회과학의 분야는 어떠한가? 연일 쏟아지는 새로운 모형과 분석을 보더라도 기본적인 지식 없이 이해하기는 어렵다. 현재의 '어려워진' 과학을 이해하기 위해서는 충

7 사실상 본 글에서 다룬 입자가속기 실험사례는 입자물리학과 같이 실생활에서 접하기 힘든 내용임에도 불구하고 '지구멸망'이라는 루머로 인해 대중적인 주목을 받은 거의 유일한 사례라 할 수 있다.

분한 공부과정이 선행되어야 하다 보니, 과학에 '쉽다'라는 단어를 적용하기가 어려운 요즘이다.

이러한 과학을 즐기는 사람에 대한 대중의 인식은 또 어떠한가? 어려운 과학책을 보면서 고개를 끄덕이거나 즐거워하는 사람은 주변 사람들에게 공부벌레nerd 취급을 받기 십상이다. 한국에서도 큰 인기를 얻고 있는 미국 드라마 "빅뱅이론The bigbang Theory"[8]의 줄거리도 공부벌레인 과학자들이 일상 사회에서 겪는 다양한 사건을 희화화하여 다룬다는 점은 이러한 맥락과 함께 한다.

결국 우리 사회에서 과학이라는 것은 우리에게 도움을 주긴 하지만, 일반인들과 다른 천재들이 만들고 영유하는 그들만의 유희인 셈이다. 필자 역시도 현대 과학이라는 것이 결코 쉽지는 않다고 여긴다. 하지만 과학이라는 것이 '천재들만의 유희遊戱'라는 식의 인식에는 동의하기 힘들다. 과학 역시 인간의 행위일 텐데, 그 시작을 '(천재와 범인과 같이)행위하는 존재의 차이'라는 근본적인 속성으로 귀속시켜서 거리감을 두고 바라볼 대상은 아니기 때문이다. 인간이 만들어낸 과학 그 자체가 천재만이 즐길 수 있는 정말 어려운 것이라면, 이미 보통 인간이 감당하기 힘들다는 환원론에 빠져버리는 것이 아닐까? 물론 과학의 발전을 이끌었던 천재적인 과학자와 같은 사람들의 업적을 무시하는 것은 아니다. 하지만 우리 역시 노력한다면 그들과 같은 업적을 이루는 것이 불가능한 것도 아니지 않은가? 천재라 불리는 그들도 우리와 인간이란 점에서 본질적으로 다르지는 않다.

---

8 현재 미국 CBS에서 방송중인 시트콤 드라마로 2007년 첫 방송을 시작하였다. 미국 캘리포니아 공과대학에 근무하는 네 명의 천재과학자들의 일상을 다루고 있다. 이들은 뛰어난 지적 능력을 지니고 있지만 사회성이 떨어지는 것으로 그려지는데, 본 드라마에서는 활발한 성격을 지닌 여주인공과의 대조를 통해 희화화 시키며 이를 더욱 부각시키고 있다.

그렇다면 과학이 어렵다는 이유는 과학이란 행위 그 자체에 있는 것이 아니라 그것을 받아들이는 사람의 태도에 달린 문제가 될 수도 있다. 더 이상 과학이 어려운 이유를 '과학이 어려워서'라는 순환논법으로 채울 것이 아니라 다른 원인이 있는 것은 아닐지 생각해볼 필요가 있다.

2. 왜 과학이 어렵지?

우리는 다시 질문을 바꿔서 던져볼 필요가 있다. 과학이 어려운 것이 아니라 우리가 그렇게 느끼기 때문일 테니까, "우리는 왜 과학을 어렵다고 생각할까?"라고.

어린 시절을 되돌아보면 사실 과학이라는 것이 항상 어려운 것은 아니었다. 많은 사람들이 어릴 적 과학상자를 가지고 놀면서 기계의 원리를 깨닫기도 하고, 과학 그 자체에 흥미를 느끼면서 과학자의 꿈을 키우곤 한다. 하지만 언제부터인지 시간이 흐르면서 과학을 배워가는 재미는 점점 줄어간다. 그 뒤로 이루어지는 과학에 대한 단상은 가끔씩 뉴스에 나오는 우주선을 보면서 "나도 저런 꿈을 꿨었지"라며 회상하거나, 카페에 앉아서 스마트폰으로 게임을 하면서 "과학이 참 많이 발전 했네"라고 되뇌는 것이 전부다.

어릴 적에는 흥미를 느끼고 있었던 과학이 어느 순간부터 완전히 일상생활과 분리된 별개의 영역이 되어버리는 것이다. 왜 즐겁던 놀이가 분리되어 버리는 것일까? 바로 여기서 우리의 삶과 과학을 분리시키는 그 무엇인가가 과학을 어렵다고 느끼게 만드는 것일지 모른다.

과학을 어렵게 느끼게 하는 원인으로 꼽을만한 한 가지는 바로 중고등학교 시절의 기억이다. 그 기억 중에서도 학교라는 공간에서 배우는 제도적인 교육에 대한 것이다.

사실 우리가 무엇인가를 배우고 알아가는 과정은 정말 즐겁다. 자신이 사랑하는 사람에 대하여 알아가는 과정이나 다양한 스포츠, 사진기술 등을 취미삼아 배우는 과정을 떠올려 본다면 자신이 알고 싶은 것을 배우는 것은 분명 우리의 삶을 즐겁게 만든다. 하지만 중고등학교 시절의 공부를 떠올려보면, 그것이 그다지 편한 기억으로 남아 있지는 않다. 제도적인 교육과정이나 자신의 취미를 위하여 배우는 과정은 둘 다 '배운다'는 의미에서 궤를 같이한다. 하지만 중고등학교의 교육은 자신이 원하든, 원치 않든 반드시 배워야 한다는 강제성이 있다. 그렇기 때문에 중고등학교 시절 배우는 과정, 거기에 필연적으로 따르는 암기는 매우 고통스러운 기억이 아닐 수 없다.[9] 이는 관심과 이해가 결여된 상태로 반복되는 암기과정이기 때문이다. 여기에서 기인하는 심리적인 원인으로 인하여, 과학은 점차 우리의 삶과 거리

[9] 이러한 암기의 과정이 나쁘다는 것은 아니다. 토머스 쿤(Thomas Kuhn, 1922-1996)은 그의 책 The essential tension에서 과학을 연구하는 자세에 대하여 언급하였다. 그는 창의적인 과학 활동이 기존의 연구전통에 공고히 기초하고 있는 연구를 통해서만 가능하다고 본다. "성공적인 과학자들의 대부분은 전통주의자(traditionalist)이면서, 동시에 우상파괴자(iconoclast)의 성격을 나타낸다(Very often the successful scientist must simultaneously display the characteristics of the traditionalist and of the iconoclast)(Kuhn 1977, 227)"면서, 기존의 전통을 완벽하게 숙지하고 있어야, 그 전통을 파괴하는 창의적인 활동을 펼칠 수 있다고 이야기 하였다. 이러한 점에서 암기라는 것이 (전통을 숙지한다는 의미에서) '배움'의 과정에 반드시 수반되는 행위이자, 연구자를 진전시키는 필수적인 요소라 볼 수 있을 것이다. 우리가 좋아하는 영화배우나 운동선수 혹은 자동차의 세세한 프로필을 어느새 외우고 있는 상황을 떠올려 본다면, 암기한다는 것이 배움과 이해의 과정에서 자연스럽게 따라오는 것임을 알 수 있다.

를 두게 되는 것일 수 있다. 또한 강제적인 암기의 결과에 대한 평가 과정을 겪으면서, 과학이 어렵다는 이미지가 생성되고 공고해진 것일 수도 있다.

과학을 어렵게 느끼게 하는 또 다른 이유를 살펴보자면, 바로 과학이 지니고 있는 '차가운' 이미지 때문일 것이다. '차갑다'는 이미지를 불러일으키는 이유는 과학이 딱딱한 기준을 제시하기 때문이라고 본다. 우리가 '과학'에 대하여 기대하는 바는, 흔들리지 않는 판단기준이나 실수하지 않는 완전함이다. 그렇기 때문에 과학적 지식의 생산과정에서도 가장 중립적이라 할 수 있는 수리적 기호를 사용하는 경우가 많고, 일반적인 어휘에 있어서도 지칭성이 뚜렷한 용어를 쓰고자 노력하는 것이다. 하지만 이러한 과학에 대한 기대나 이미지는 감정과 같은 요소에 흔들리기 쉬운 우리네 일상의 삶과는 다른 속성의 것이다. 우리의 삶을 생각해보면 언제나 변화하고, 상황종속적contingent인 경우가 많다. 그러나 과학의 세계는 항상적恒常的이고, 언제나 분명하다. 우리는 이처럼 항상적이고 분명한 과학의 특성을 보통 '객관성objectivity[10]'이라는 단어를 통해 지칭하고자 한다. 그리고 과학 연구의 과정에서는 이 객관성을 획득하기 위하여 노력한다. 우리는 다양한 모습으로 주체적인 각자의 삶을 살아가고 있다. 하지만 과학을 익히는 입장에서 접근해본다면, 우리는 객관성이라는 이름을 획득하기 위하여 다양한 개인의 모습을 잘라내고, 그 '객관성'의 틀 속으로 들어가야만 한다. 우리의 삶과 사뭇 다른 성격의 객관성이라는 특징

[10] 경험과학의 측면에서는 주관이 완전하게 배제되어 있는 객관성을 담보할 수 없다고 본다. 그러므로 객관성의 의미를 공통적인 주관 또는 주관적 인식의 일치상태를 지칭하는 '상호주관성(intersubjectivity)'의 의미로 사용하고 있다 (김웅진·김지희 2012, 23).

을 '이해'하는 것은 가능하겠지만, 그것에 공감하기란 결코 쉽지 않다고 본다.

이러한 객관성을 '프랑켄슈타인의 괴물'에 빗대어 본다면 어떨까? 프랑켄슈타인 박사는 자신의 필요에 따라 생명력을 지닌 괴물을 만들었지만, 그 괴물이 인간이라 할 수 없었기에 같이 살아가지 못했다. 이처럼 우리도 과학에서 타인과의 비교를 위해 객관성을 활용하지만, 그것이 결코 인간적인 것은 아니기 때문에 본연적인 거리감을 지니고 있는 것이다. 분명히 과학은 객관적이라는 특성을 통하여 중요한 지위를 얻었다. 바로 누구나 이를 통하여 이견異見을 좁힐 수 있게 해주는 '기준'이라는 지위다. 하지만 이로 인하여 과학이라는 행위가 우리의 삶과 분리되어 버렸다고 할 수 있지 않을까?

객관적이라는 성질은 사실 타인과의 과학행위를 비교하기 위한 것이다. 과학을 순수한 개인의 차원으로 환원할 때에는 그것이 전혀 의미 없는 것일 수도 있다. (과학을 접하는 순서에 있어서) 만약 객관성을 추구하는 과정이 개인차원의 과학행위가 이루어진 이후에 습득된다면 이에 대한 거부감이 생기지 않았을지도 모른다. 허나 일반적인 과학 학습과정에서는 인간의 본성과 거리가 먼 객관성을 가장 먼저 익히려고 한다. 이러한 접근이 우리를 과학으로부터 점점 멀게 만들어가는 것은 아닐까.

앞서 살펴본 심리적 요인이나 과학의 이미지 외에도 과학을 어렵게 느끼도록 하는 수많은 이유를 찾을 수 있다. 어떠한 이유를 대더라도 그 어려움의 본질에는 과학과 우리의 삶에서 느껴지는 괴리가 있을 것이다. 필자는 과학행위가 일상에서 동떨어져 있는 것이 아니라고 본다. 즉, 과학이라는 것이 근대 이성의 산물이거나, 인류의 역사에 갑자기 등장했다거나, 현대인만이 누릴 수 있는 위대한 정신적 업적이 아니라는 의미다.[11] 그런 의미에서 우리의 삶이 과학과 얼마나 가까운지 살펴본다면, 과학을 어렵게 생각할 이유가 없다는 것을 알 수 있을 것이다.

3. 과학의 본질적 행위

우리가 과학을 느끼는 계기는 무엇일까? 보통 우리가 직접적으로 느끼는 과학은 그 외연에 불과한 경우가 많다. 예를 들어 새로 만들어진 운동복 소재이거나, 입자가속기 실험의 결과 혹은 최첨단 전자기기이다. 이처럼 이미 완성되어 세상에 드러난 과학의 파생적인 결과물을 보며 과학을 느낀다. 그러다보니 우리는 과학에 대하여 그 결과물을 떠올릴 뿐, 이를 만들어 낸 본질적인 행위를 떠올리지 못한다. 우선 이 글에서는 그런 결과물이라는 과학의 외연에서 잠시 벗어나보자. 이 글은 이 세상에 있는 과학의 결과물이 등장할 수 있도록 해준, 좀 더 본질적인 행위를 찾아보려는 것이다. 아주 복잡한 미적분 문제가 주어진다고 하더라도, 그 문제를 풀기위한 밑바탕에는 기본적인 사칙연산이 있다. 이처럼 화려한 과학의 결과물 이면에도 이를 추동시킨 근본적인 행위가 있었을 것이다. 여기서는 그 근본적인 행위로 '분류'와 '인과성의 파악'을 주목하고자 한다.

[11] 파이어라벤드(Paul Feyerabend, 1924-1994)는 그의 글 Farewell to reason (1978)에서 '이성(reason)'에 입각한 현대 과학에 대한 비판을 하였다. 현대과학의 입장에서는 자연으로부터 완벽히 분리된 인간이라는 존재가 성립되어야 그 내용이 성립한다. 하지만 그는 인간이라는 존재가 자연으로부터 완벽하게 분리된다는 것 자체를 불가능하다고 보고 있다. 필자 역시 이러한 부분에 있어서 파이어라벤드와 비슷한 관점을 견지하고 있다.

‘분류classification’와 ‘인과성causality’은 무엇을 의미하는가? 먼저 분류의 사전적 정의를 살펴보면, 특정 사물을 종류에 따라 가르는 행위를 일컫는다. 이는 자신이 아닌 외부대상을 판단하는 과정으로, 해당 대상이 속하고 있는 부류를 나누는 행위라 할 수 있다. 이러한 행위의 결과물은 특정 군집群集이 공유하는 특성의 분명한 구획, 즉 ‘범주화categorize’하는 것이다. 다음으로는 인과성을 잠시 살펴보자. 인과관계는 보통 ‘원인과 결과의 관계’라고 쉽게 떠올릴 수 있다. 하지만 경험과학적 입장에서 볼 때, 인과관계는 “어떤 현상의 생성경로를 추적하기 위한 분석도구로서, 경험적으로 확증될 수 없는 논리적 관계logical relationship(김웅진 · 김지희 2012, 76)”라 정의할 수 있다. 즉, 인과관계라는 것은 두 독립적인 사건이 순차적으로 연결되어 있다고 보고, 관찰자가 임의로 ‘부여하는’ 관계인 셈이다. 단순하게 보자면, 분류는 대상을 ‘나누는’ 것이고 인과관계는 분류된 대상을 ‘연결하는’ 것이다. 이러한 두 행위가 어째서 본질적인 과학행위인 것일까. 바로 이를 통하여 세상을 인지recognize할 수 있기 때문이다. 아직까지는 조금 어려운 말이 되겠지만, 여기서 잠시 상상력 발휘하여 처음 등장한 인간의 삶을 상상해보자.

아주 먼 옛날, 태초의 인간인 A가 대자연의 한복판에 서 있다고 상상해보자. 자연상태에 놓여있는 A는 갓 태어난 아기와 같은 상태로 있을 것이다. A는 셀 수 없이 많은 정보들이 쏟아지고 있는 한복판에 서 있는 셈이다. 자신의 감각기관을 통해 전달되는 정보를 해석할 능력이 없다고 가정한다면, 그는 마치 우리가 자신의 몸도 보이지 않는 깜깜한 방에 있을 때처럼 아무 것도 알 수 없을 것이다. 그렇다면 A는 먼저 자신의 모습을 살펴본 후, 자신을 둘러싸고 있는 환경을 살펴보게 될 것이다.

A는 우선 천천히 자기 자신을 파악하고자 시도한다. 자신이 보고 있는 육체를 관찰할 것이고, 거기에 달린 손이나 팔, 다리와 목을 모두 움직여보면서 나타나는 느낌과 반응을 지켜볼 것이다. A는 이런 과정을 통하여 스스로의 의지로 움직일 수 있는 한계점을 파악하게 된다. 자신의 '의지'와 '감각'을 일치시켜가는 과정을 통해 비로소 내가 누군지 알아가게 된다. 이 과정에서 자신과 외부환경의 구획이 점차 확정되어 가는 것이다. 쏟아지는 모든 감각적 신호들을 느끼고 있는 주체가 누구인지 파악하면서 나와 외부환경이라는 최초의 '분류'가 이루어진다.

만약 이 과정에서 '나'와 '외부세계'를 구획할 수 없다면 어떨까? 그렇다면 A는 외부세계에 대해 관심을 둘 필요도 없게 되며, 과학활동을 비롯한 인간의 모든 활동은 거기서 멈추게 되어버릴 것이다.

자신과 외부세계의 구획을 마친 후에 비로소 외부세계에 대한 분류가 시작된다. 거대한 호랑이를 마주하는 A를 떠올려보자. A는 자신을 파악하던 것처럼 호랑이를 살펴볼 것이다. 엄밀하게 말하자면 A에게 호랑이는 지칭할 수 없는 '무엇'이었을 것이다. 아무것도 알 수 없는 대상에 대해 그는 분류를 적용하게 된다. 움직이는가? 날아다니는가? 헤엄을 치는가? 네 발로 걷는가? 이와 같은 과정을 통하여 A는 호랑이가 지니고 있는 것과 아닌 것들을 점차 구획하여 간다. 이러한 과정을 통해 A는 호랑이라는 개념concept[12]을 만들어낼 수 있다. 이렇게 형성

[12] 개념이란 "어떠한 부류의 현상이나 사물이 지닌 보편적 속성을 표현하는 추상적 용어"이다. 개념이라는 것은 개별적인 현상이 아니라, 현상이 속하는 부류를 지칭하게 된다(김웅진·김지희 2012, 116). 이러한 개념의 예는 이 글에 등장하는 '호랑이'를 꼽을 수 있다. 우리가 호랑이라는 단어를 들으면 '호랑이'의 특성을 쉽게 떠올릴 수는 있지만, 이 '호랑이'라는 단어가 동물원에 있는 실제 호랑이를 지칭하는 것은 아니다.

된 개념은 다시 분류척도classificatory measure로 활용된다. 이때에는 '호랑이'라는 개념을 통해 호랑이인 것과 아닌 것을 구분할 수 있게 되는 것이다. A는 그가 접하는 외부대상에 대해 이와 같은 과정을 반복하게 된다. 그리고 이를 통해 외부세계를 점차 구체적이고 세부적인 '대상'의 형태로 나누어간다.[13]

A는 분류를 통해 나눈 대상들과 지속적인 상호작용을 갖는다. 이러한 상호작용 과정에서 A는 다양한 변화의 양상을 직면하게 된다. 바로 분류에 존재하지 않았던 시간이라는 변화다. 자신을 포함한 모든 대상들이 시시각각 변화하는 모습에서 A는 "왜?" 라는 자연스러운 궁금증을 지니게 된다.

데리고 있었던 토끼가 갑자기 죽어버리는 새로운 현상을 접하게 된 A를 생각해보자. 죽음의 의미를 모르는 A에게 죽음이라는 현상은 그저 장난이라고 느껴질 수도 있다. 그에게 죽음이라는 현상이란 (아직까지는) 잘 살아 움직이던 대상이 갑자기 멈추어버리는 모습에 불과한 셈이다. A는 이러한 현상에 대해서도 분류를 적용하고자 할 것이다.

나의 장난을 받아주는가? 따뜻한가? 움직이는가? 죽은 토끼가 차갑게 식어가고, 더 이상 움직이지 않는 것을 보면서 A는 자신이 지켜보고 있는 현상을 알아가기 시작한다. 그러나 '죽음'에 대한 개념을 파악

---

13 여기서 A가 시도하는 분류는 속성의 여부만을 판단하는 가장 단순한 분석방법이다. 이를테면 X라는 특정한 속성이 있는가 없는가를 판단하는 것이다. 이는 마치 거대한 바위를 조각상으로 만들어가는 것처럼 무의미한 '덩어리'를 세분화시키는 과정이라 할 수 있다. 속성의 존재여부를 파악하는 이러한 과정은 의미없이 퍼져있는 '잡음(noise)'들을 유용한 '정보(information)'로 전환하는 가장 첫 단계라 할 수 있다. 필자는 이러한 점에서 분류를 가장 본질적인 과학행위로 보고 있다.

하는 과정도 살아있었던 '어제의 토끼'와 죽어있는 '오늘의 토끼'의 차이를 설명해주지는 못한다. 죽음이라는 것을 인지하고, 받아들였다고 하더라도 이것이 '왜' 나타났는지 알 수는 없는 것이다. 그렇기 때문에 A는 '왜 이러한 현상이 나타나는지' 확인하고자 하며, 무엇이 '어제의 토끼'와 '오늘의 토끼'의 차이를 가져오는 것인지 살펴보게 된다. 어제와 오늘의 같은 점은 무엇인지, 차이점은 무엇인지 비교하면서 두 토끼의 관계를 파악하는 것이다. 바로 이러한 과정에서 인과추론causal inference[14]이 시작된다.

우리는 분류라는 행위를 통하여 우리를 둘러싸고 있는 대상을 명확하게 나눈다. 그리고 인과관계를 통하여 나와 대상과의 혹은 대상간의 상호작용에서 나타나는 현상을 파악한다. 즉, 분류를 통하여 외부환경을 인식할 수 있는 개별 대상으로 분화시키고, 인과관계의 파악을 통하여 분화된 대상이 나타내는 현상을 비로소 통합하여 인식한다. 우리는 이와 같이 분류와 인과관계를 통하여 실재實在, reality하고 있는 것들에 의미를 부여하게 되고, 이를 통해 실재는 실존實存, existence으로 전환된다.[15]

---

[14] 인과추론이라는 것은 독립된 두 현상에 대해 인과관계라 규정할 수 있는 논리적 질서가 있다는 것을 간주하는 방법이다. 이러한 인과추론은 존 스튜어트 밀(John Mill, 1806-1873)이 5개 인과추론의 방식을 설명한 18세기 이후부터 현재까지 지속적으로 정련(精鍊)되고 있다(김웅진 2011, 17).

[15] 실재는 관측의 여부와 관계없이 존재하고 있는 것을 지칭한다. 하지만 실재는 존재의 여부가 관측자와 아무런 관련이 없기 때문에 의미 없는 상태라 할수있다. 실존의 경우에는 관측자와의 관계가 형성되어 인지할 수 있기 때문에, 존재의 여부가 직접적인 의미를 지니게 된다.

4. 과학은 본능이다

원시적인 인간 A의 삶을 상상해보면 분류와 인과관계의 파악이 인간의 본질적인 행위임은 알 수 있다. 하지만 이것이 어떻게 과학으로 연결되는 것일까? 글의 첫머리에 언급하였던 입자물리학을 살펴보자.

현대 입자물리학의 궁극적인 목적은 세상을 구성하는 가장 작은 단위를 찾아내려는 것이다. 이는 외부세계를 파악하려는 '분류'행위의 단위가 변화한 것에 지나지 않는다. 입자물리학에서 어느 날 갑자기 세상을 구성하는 기본입자가 '쿼크quark[16]'라고 지목된 것은 아니다. 인지할 수 있는 단위가 점차 세분화되면서 인식의 범위가 확장된 결과물로 그런 결과가 도출된 것이다.[17]

또한 입자물리학의 대표적인 이론인 초끈이론superstring theory에서는 세상을 구성하는 가장 작은 입자의 모양이 짧은 끈의 형태를 지닐 것이라고 보고, 이를 관찰하고자 한다. 이러한 이론의 궁극적인 목표는 '모든 것의 이론theory of everything[18]'이다. 우주의 최소 구성입자 형태

---

16 현재 입자물리학에서 실측할 수 있는 가장 작은 입자의 한 종류다. 입자물리학의 분야에서는 우주를 구성하는 기본입자를 다루는데, 1920년대까지는 이러한 기본입자의 단위가 양성자, 중성자 그리고 전자라고 보았다. 하지만 이론과 관측수단의 발달로 이러한 입자들이 쿼크의 결합으로 이루어졌다는 것이 밝혀졌다. 그로 인하여 현재 기본입자의 단위는 더욱 낮은 '쿼크'의 단계에서 논의되고 있다.

17 러빈저(Lee Loevinger, 1943-2004)는 The Paradox of Knowledge(1995)에서 지식이 범위가 늘어나는 과정이, 또 다시 알아내야 할 무지(無知)의 영역을 증가시킨다는 지식의 역설을 지적한 바 있다. 그러한 역설이 존재하더라도, 우리는 이를 의식하여 인지의 영역을 넓혀가는 과정 자체를 중단하진 않는다. 이러한 점은 외부 대상에 대해 인지하려는 행위를 본능에 귀속시킬 수 있는 근거가 될 수 있다.

18 물리학에서 가장 기본적인 힘으로 분류하는 전자기력, 강력, 약력, 중력을 통합

를 밝혀냄으로서 자연계의 네 가지 기본 힘인 전자기력, 강력, 약력, 중력의 정체를 설명하고 이를 하나의 설명으로 통합하는 것이다. 초끈이론이 이야기하고자 하는 본질적인 내용이 바로, 네 가지로 분류된 힘의 인과적 관계를 구축하기 위한 끊임없는 시도인 것이다. 이는 비단 물리학뿐만 아니라, 다른 자연과학의 영역이나 사회과학에서도 마찬가지다. 분석하고자 하는 대상을 분명하게 드러내고, 이러한 대상(혹은 사건)간의 인과적 관계를 도출하고자 시도하는 것이 '과학'의 기본적 속성인 것이다.

사실 우리는 하루에도 수십 번씩 분류를 하고, 인과관계를 부여한다. 이러한 점에서 우리는 매일 '과학적인 행위'를 하고 있다고 볼 수 있다. 단지 그것이 학문적인 과학이라는 옷을 입지 않았을 뿐이다. 어지러운 집안을 정리할 때에도 분류를 한다. 책은 책꽂이로, 옷은 옷장으로 옮기면서 각 물품들이 속해있는 원래의 자리로 옮긴다. 길거리 카페에 앉아있을 때, 지나가는 사람들을 보면서 사람들을 평가하는 행위도 마찬가지다. 게다가 우리는 친구와 대화를 나누며 그가 처한 상황과 사건에 대해 쉴 새 없이 인과관계를 부여한다. 이를 통하여 그의 고민에 해결책을 제시해주려고 한다. 이런 것들을 과학행위라고 부르기에는 어색할 수 있다. 하지만 본질적인 의미에서 이것 역시 우리의 본성에 각인되어 있는 과학적 성향이다. 우리는 언제나 분류하고, 인과관계를 부여하면서 살아가는 존재인 것이다.

과학은 이처럼 우리의 본능과 맞닿아 있다. 어려운 현대의 과학도 본질적으로 우리의 본능과 동일한 위치에 놓여있다. 조금만 더 쉽게 생각하자. 그저 현대 과학의 표현방식이 어려울 뿐이다. 우리의 본능

하여 설명할 수 있는 가상의 이론을 지칭하는 말이다. 이 글에 등장하는 초끈이론이 현재까지는 가장 유력한 '모든 것의 이론'으로 지목되고 있다.

을 따라가면 누구나 쉽게 과학을 할 수 있다. 다음은 필자가 마지막으로 던지는, 우리가 과학을 왜 어렵게 느끼는가에 대한 슬픈 가설이다.

살짝 풀린 눈에 기괴한 웃음소리를 내고 있는 사람이 등장한다. 그는 어딘지 모를 어두침침한 공간에서 자기만의 세상을 즐기며 살아가고 있다. 보통 이런 사람은 절대로 포기할 수 없는 복수심에 불타고 있거나, 지구를 지배하겠다는 자신만의 꿈에 불타오르고 있다. 거대한 로봇을 만들거나, 수많은 사람을 한 번에 죽일 수 있는 새로운 무기들을 개발하는 그 사람의 이름은 바로 악당. 악당은 그의 목표 달성을 방해하는 정의의 사도를 무찌르기 위해 매일 고민하고 또 고민한다. 하지만 그렇게 오랜 시간 동안 열심히 개발한 무기와 로봇들은 멍청한 부하의 잘못인지, 터무니없이 강한 정의의 주인공 때문인지 허무하게도 곧 산산조각 나버린다. 하지만 그는 포기하지 않는다. 그는 또 다시 복수를 꿈꾸면서 그의 비밀 연구기지로 돌아가고 새로운 무기를 만들어서 나타난다.

이런 이야기는 어릴 적 즐겨보던 만화영화에 흔히 등장하는 악당의 일상이다. 특이하게도 악당은 놀라울 정도로 한 가지 주제에만 천착하여 연구를 진행하는 과학자인 경우가 많다. 혹여 과학자가 악당무리의 대장이 아니라고 해도 악당을 위해 충성하는 미치광이 과학자가 등장하기도 한다. 아마도 악당이라는 존재에게는 과학이라는 것이 꼭 필요한 모양이다. 물론 정의의 사도 곁에도 그들을 도와주는 '남 박사'[19]가 있다. 하지만 매번 적을 물리치는데 중요한 역할을 하면서

[19] 주인공을 돕는 과학자를 대표하여 사용한 명칭이다. 남 박사는 1980년과 90년대에 한국에서 방영하였던 일본 애니메이션, "독수리 오형제"(원제목: 과학닌자대 갓차맨)에 등장하는 과학자다. 옥스퍼드 대학과 캠브리지 대학 출신의 천재 과학자로 묘사되며, 극 중 주인공인 독수리 오형제를 후원하는 중요한 역할을 하고 있다.

도 과학자는 변변한 축하 한 번 받지도 못한다. '남 박사'의 무기로 신나게 적을 물리치고 사회적 영웅까지 되어버리는 정의의 주인공이 그 공을 모두 가져간다.

어쩌면 우리의 기억 어딘가에는 열심히 과학을 해봐도 항상 좌절하는 악당의 모습이 있거나, 주인공에게 영광을 몽땅 빼앗기는 '남 박사'의 슬픈 모습이 남아있을 지도 모른다. 그래서 과학이 본능에 맞닿아 있다고 하더라도, 과학을 어렵게 느끼는 것일지도 모른다. 하지만 좌절하지 말자. 과학의 효용은 부차적인 기능이지, 본래 목적이 아니니까. 우리의 본능을 따라갈 때 성공적인 과학은 찾아올 것이다. 그리고 그 성공적인 과학이 분명히 '남 박사'의 흔적을 지워줄 수 있을 것이다.

참고문헌

김웅진. 2011. 『인과모형의 설계: 사회과학적 접근』. 서울: 한국외국어대학교 출판부.

김웅진 · 김지희. 2012. 『정치학 연구방법론』. 서울: 명지사.

Greene, Brian저 · 박병철 역. 2002. 『엘러건트 유니버스』. 서울: 승산.

Feyerabend, Paul. 1987. "Creativity." *Farewell to Reason*, 128-142. London: Verso.

Kuhn, Thomas. 1977. *The Essential Tension*. Chicago and London: University of Chicago Press.

Loevinger, Lee. 1995. "The Paradox of Knowledge." *Skeptical Inquirer*, Vol. 19, No. 5, 18-21.

제4장 과학행위의 추동력: 완전성의 추구

유 성 현*

1. 과학행위의 추동력에 대한 탐구

우리는 이따금씩 왜 살아가고 있는가에 대해서 스스로에게 물음을 던지곤 한다. 삶의 목적이 무엇인지, 무엇을 위해 살아가고 있는지를 자문하면서 각자 나름대로의 삶의 의미를 찾아가는 과정을 반복한다. 삶의 의미와 목적을 생각할 겨를도 없이 살아가는 사람도 있지만 분명 그런 사람에게도 행위의 동기는 존재한다. 하지만 이러한 고민은 우리의 일상생활에만 존재하는 것이 아니다. 과학행위를 하는 사람들에게도 동일하게 반복되는 질문이다. 자신이 과학자 또는 연구자라면 과학행위를 왜 하고 있는지 한번쯤은 고민한 경험이 있을 것이다. 물론 연구자에 따라 이유가 다양하겠지만 그것이 무엇이든 간에 분명한 것은 바로 그 동기들이 과학행위를 추동推動한다는 점이다. 따라서 과학행위의 동기를 탐구하는 것은 무엇이 우리의 과학행위를 지속하게 하는가를 밝힐 수 있다는 점에서 매우 중요한 연구 작업이다.

앞서도 언급한 것처럼 과학행위의 동기는 아주 다양하다. 글쓴이는 동기가 이처럼 다양하다는 점에 의문점을 가지고 보다 더 근본적인 추동력은 무엇인가에 대한 탐색을 하기에 이르렀다. 과학행위는 호기

* 한국외국어대학교 대학원 정치외교학과 석사과정

심, 놀이로서의 즐거운 과학, 발견의 짜릿함, 성공에 대한 열망 등 다양한 심리적 유인誘因에 따라 전개되지만 글쓴이는 가장 근본적인 추동력이 바로 과학행위의 불완전성을 채워, 완전성을 향해 나아가려는 인간의 강한욕구라고 본다.

2. 과학행위의 다양한 동기

(1) 규칙regularity: 안정을 추구하는 인간

인간의 과학행위 특징 가운데 가장 주목할만한 점은 바로 어떠한 현상 속에서 인과관계causal relationship를 찾으려 한다는 것이다. 이를테면 B라는 결과의 원인이 A(A → B)라는 것을 찾아냄으로써 현실세계를 재구성한다. 물론 이러한 인과관계를 찾는다 해도 이는 현실세계의 모습을 완벽하게 나타낼 수 없으며 불완전한 것이다(김웅진 2012, 86). 즉 인간이 만들어내는 인과관계와 실제 세계 사이에는 메워질 수 없는 본연적 간극inherent gap이 존재한다.[1] 그럼에도 불구하고 인간은 늘 현상과 현상 간의 인과관계를 찾으려고 한다.

우리나라에도 '아니 땐 굴뚝에 연기 날까'라는 속담이 있는 것처럼 사실 인과성 탐구는 인간의 본연적 욕구이다. 필자는 이러한 인간의 행위 동기가 규칙을 기대하는 인간의 본성에 있다고 생각한다. 즉 어떠한 현상이 발생했을 때 인과관계를 알고 있다면 다음에 나타날

---

1 "논리적 척도에 따른 인과관계의 추론이 인과관계의 존재를 확증하는 것은 아니다.… 즉 원인이 실제로 결과를 생산하는지, 더 나아가 왜 생산하는지를 경험적으로 확인하기란 불가능하다"(김웅진 2011, 21).

현상의 변화에 대응할 수 있게 된다. 규칙에 맞게 행동을 결정할 수 있는 것이다. 하지만 하나의 현상이 초래할 또 다른 현상의 결과를 예측할 수 없다면 인간은 어떻게 행동할지를 결정할 수가 없다. 이러한 불규칙irregularity은 불안과 공포를 조성한다. 예전에는 하늘에서 천둥번개가 치면 신이 분노한 것이라고 생각하고 공포에 떨어야만 했지만 이제는 그러한 자연현상의 원인을 알고 있기 때문에 더 이상 두려움에 떨지 않는다.

인간의 경험을 통해 축적된 인과관계에 대한 지식을 통해서 미래를 예측하는 행위는 우리 주변에서 쉽게 찾아 볼 수 있다. 정부기관의 여러 가지 경제정책들이 그러한데, 이를테면 한국은행의 경우 물가상승 우려가 높아지면 통화량을 감축함으로써 물가를 안정시키는 역할(일반적으로 통화량은 물가 및 경기동향에 영향을 주기 때문에 각국 정부는 정책적으로 통화량을 조절한다)을 한다. 이러한 행위는 기본적으로 인과관계를 전제하고 있는 것이다. 이처럼 과학행위, 그 중에서도 인과관계를 탐색하고 연구하는 행위는 무지의 공포를 줄이고 규칙을 좇고자 하는 인간의 본성에 기초한다.[2]

(2) 사랑: 관심 받고 싶은 인간

우리는 누구나 사랑받고 싶어 한다. 비단 이성과의 사랑과 같은

---

2 "식물도 마찬가지지만 동물들의 행태를 보면 모든 유기생물이 법칙이나 규칙을 좇도록 조건화되어 있음을 알 수 있다. 모든 생물은 자신이 속한 환경에서 법칙이나 규칙을 기대하는데 나는 대개의 경우 이러한 기대들이 유전적으로 결정되어 있다고 본다. 타고나는 것이라는 뜻이다. 이 기대가 어긋날 경우 문제가 발생하며 이는 잘못된 기대를 새로운 기대로 대체하려는 시험적 행동으로 이어진다"(Karl Popper 2006, 166).

낭만적인 사랑뿐만 아니라 친구들로부터의 관심, 인기 그리고 부모님의 사랑, 인정 등은 우리의 마음을 풍족하게 해주는 것들이다. 반면 사랑의 공백은 우리의 마음을 공허하게 한다. 사람들의 무관심 속에서 세상에 나 홀로 남겨진 것 같은 쓸쓸함을 인간이라면 누구나 한 번 씩은 겪어봤을 것이다. 잠들기 전에 휴대폰을 들고 전화번호부를 뒤적이면서 연락할 사람이 있는지 없는지를 찾아보는 것은 바로 우리의 이야기다. 철학자이자 소설가로 유명한 알랭 드 보통Alain de Botton은 '아무도 우리에게 주목하지 않는다는 것은 곧 인간 본성에서 나오는 가장 열렬한 욕구의 충족을 기대할 수 없다는 뜻이다'(Botton 2004, 18)라고 했다. 알랭 드 보통은 또한 윌리엄 제임스William James의 『심리학의 원리』를 인용하면서 무관심에 대한 인간의 고통을 다음과 같이 묘사하고 있다.

> … 사회에서 밀려나 모든 구성원으로부터 완전히 무시를 당하는 것 -이런 일이 물리적으로 가능할지는 모르겠으나-보다 더 잔인한 벌은 생각해 낼 수 없을 것이다. 방안에 들어가도 아무도 고개를 돌리지 않고, 말을 해도 대꾸도 안하고, 무슨 짓을 해도 신경도 쓰지 않고, 만나는 모든 사람이 죽은 사람 취급을 하거나 존재하지 않는 물건을 상대하듯 한다면, 오래지 않아 울화와 무력한 절망감을 견디지 못해 차라리 잔인한 고문을 당하는 쪽이 낫다는 생각이 들것이다. …
>
> (Botton 2004, 20)

영화배우 에단 호크와 줄리 델피가 주연한 영화 〈비포선라이즈Before Sunrise(1995)〉에서도 여주인공 셀린느(줄리 델피 분)는 "모든 행동이 결국은 더 사랑받기 위한 것이다"라고 말한다. 이런 사례와 연구에서 볼 수 있는 것처럼 사랑받고 관심 받고자 하는 인간의 욕구는 가장 본연적인 것이다. 그렇다면 과학행위와 사랑과는 어떤 관계가 있는 것일까? 사랑을 받고 싶어서 과학행위를 하는 사람도 있을까? 과학행위를 통해서 많은 연구업적을 쌓고 지위가 상승하면 사람들의 관심과 이목의 집중을 받게 되고 사회에서 존경을 받는다. 수많은 사람들의 박수, 연구업적에 대한 공감, 그리고 사회에서 얻게 되는 명성은 사랑을 갈구하는 인간에게는 충분한 행위의 동기가 될 수 있다.

이는 인정받고 싶은 욕구와도 연결된다. 인간을 심각하게 좌절시키는 욕구는 여러 가지가 있지만 그중에서도 가장 치명적인 결과를 낳는 중요한 근간은 무엇보다도 '인정에 관한 욕구'라고 한다. 사람들은 타인에게서 자신의 욕구를 인정받지 못할 때 고통을 느끼기 때문이다(이정은 2001, 233). 이러한 고통은 시험에 떨어져서 받는 고통이나 상처와 달리 스스로 해결할 없는 고통이다. 즉 '사랑 결핍'으로 인한 고통은 반드시 '관계' 속에서만 해소될 수 있는 문제이기 때문에 그 고통에서 벗어나기가 더욱 어렵다. 결국 '인정에 관한 욕구'가 충족되지 않았을 때 느끼는 고통을 미연에 방지하기 위한 인간의 행동은 적극적일 수밖에 없다.

(3) 성공: 성취감에 대한 열망

성취감이란 목적한 바를 이루었을 때의 만족감을 뜻한다. 사람들은 누구나 무엇인가를 마치고 나서 만족감을 느끼고 싶어 하는데 흔히 '보람차다', '뿌듯하다'라고 하는 것들도 이런 성취감의 또 다른 표현이다. 성취감은 일반적으로 사기를 높여 주고 자신감을 심어준다. 때로는 일 자체를 재미있게 만들어 주기도 하고 또 다른 목적을 달성하기 위한 가장 강력한 행위동기가 되기도 한다. 일례로 학급에서 공부를 못하던 학생이 자신의 노력을 통해 성적이 향상되고 성취감을 느꼈다면 이 학생은 그 성취감을 지속하기 위해 더 열심히 공부하게 될 것이다.

하지만 때로는 이러한 성취감이 악용되는 사례들도 있다. 성취감은 무엇인가를 이루는 과정에서 느끼는 인간의 감정인데 이것 자체가 목적으로 작용하는 경우도 있기 때문이다. 즉 성취감이 주는 달콤함을 잊지 못하고 그 자체에 중독되는 것이다. 원자폭탄 개발에 참여했던 물리학자 리처드 파인만Richard Feynman은 자신이 성공에 집착했던 일을 다음과 같이 회상하고 있다.

> … 나는 프린스턴에서 첫 번째 시스템 개발에 참여했고 나중에는 로스앨러모스에서 폭탄을 실제로 만들기 위해 설계를 수없이 바꿔가며 갖은 노력을 다했지요. 우리는 아주 아주 열심히 일을 했고, 모두가 한데 힘을 모았습니다. 여느 프로젝트와 마찬가지로 일단 하기로 마음먹자 다들 성공하기 위해 줄기차게 노력했어요. 그러나 내가 했던 일은 비도덕적이었습니다.…무슨 일을 계속 하고 있다면 그걸 왜 계속하고 있는지 다시 생각해봐야 합니다. 그런데 나는 전혀 생각해보지 않았습니다. 아마 나는 성취감 때문에 눈이 멀었나 봅니다. …
>
> (Feynman 2001, 30)

실제로 우리 사회에 존재하는 수많은 일 중독자들 가운데서 이러한 성취감 자체를 즐기는 사람들이 많다. 자신이 하고 있는 일의 목적이나 방향성이 무엇인지도 모른 채 오로지 그 일의 성공을 통해서 느낄 성취감을 위해서만 달음질 하는 사람들이 있다. 요한 베링거Johann

Beringer라는 18세기 독일의 뷔르츠부르크Wuerzburg 대학 교수는 사람들이 그를 조롱하기 위해 만든 가짜 화석을 발견하고는 『뷔르츠부르크의 석판화석Lithographia Wirceburgensis』이라는 책을 출판하였다. 자신의 연구목적을 성공시키기 위해서 적절한 비판적 검토 없이 마구잡이로 연구결과를 도출한 것이다. 아니나 다를까, 그의 책이 출간된 이후, 그 모든 화석이 가짜라는 것이 밝혀졌고 그는 성취욕과 지식욕에 불타 과학적 비판정신을 잃은 과학자의 대명사로 기억되고 있다(Mental Floss LLC 2005, 210).

(4) 문제: 삶은 문제 해결의 과정

사상가이자 정신과 의사인 스캇 팩Scott Peck은 삶이 문제의 연속이라고 말한다. 그리고 기본적으로 이를 해결하는 과정이 삶 그 자체라고 주장한다. 물론 문제를 해결하는 과정에서 고통이 뒤따르지만 문제는 반드시 해결되어야 한다고 말하고 있다(Peck 2011, 20). 문제를 외면하고 덮어두다가 나중에 걷잡을 수 없이 문제가 커진 경우에는 더 큰 고통이 뒤따르기 때문이다. 문제는 피할 수 있는 것이 아니다. 문제는 직면하여 분석하고 해결하는 것이 유일한 우리의 선택이다. 과학행위도 마찬가지이다. 분명 시대에 따라, 상황에 따라 우리가 반드시 해결하고 넘어가야 할 연구문제research program들이 존재한다. 물론 연구문제의 설정은 연구자의 몫이지만, 그러한 문제를 발견하고 탐구하는 과정 자체가 과학행위를 견인하는 도구가 되는 것이다. 즉 문제설정에서부터 과학행위가 시작되는 것이다.

『열린사회와 그 적들The Open Society and Its Enemies』의 저자로 유명한 영국의 철학자 포퍼Karl Popper 또한 우리의 생애 자체가 문제 해결의 과정이라고 본다. 자신을 과학철학자로 만든 것도 바로 '문제'라고 말한다. 특히 기존의 과학 이론들은 우리의 감각인식 혹은 감각기관의 관찰이 과학행위의 출발점이 된다고 이야기하지만 칼 포퍼는 문제가 주어지지 않으면 관찰도 이루어질 수 없다고 주장한다(Popper 2006, 170). 이를테면 누군가에게 '당신의 자동차를 관찰해보시오'라고 했을 때 상대방은 무엇을 관찰해야할지 알 수 없을 것이다. 관찰해야 하는 것이 자동차의 바퀴인지, 램프의 모양인지 아니면 전체적인 디자인인지 알지 못한다. 하지만 문제를 던져주면 상황은 달라진다. 즉 자동차의 모양새가 무엇과 닮아있는지 생각해보라는 문제를 제시해주면 관찰해야 할 대상이 명확해지는 것이다. 따라서 단순한 관찰이 아니라 문제를 '인식'하고 행하는 관찰이 과학행위의 동기가 되고, 문제들을 풀기 위해 시행착오trial and error를 겪으면서 과학행위가 이루어지는 것이다. 여기서 중요한 것은 바로 이러한 시행착오의 과정 속에 인간의 비판적 의식이 작용한다는 점이다. 즉 문제를 풀기위한 해법을 제시한 후 비판적 관점을 통해 오류를 수정하고 끊임없이 다듬는 작업이 진행되는 것이다. 이러한 비판적 방법론은 과학적 지식의 놀라운 급성장과 놀라운 발전을 견인하여 왔다(Popper 2006, 172).

(5) 놀이: 행위 자체의 즐거움

글쓴이는 중학교에 다닐 때 컴퓨터 게임을 하다가 밤을 새우는 경우가 많았다. 다음날 학교에 가서 몸이 피곤할 줄 알면서도 그렇게 게임을 즐기는 순간만큼은 시간이 가는 줄 몰랐다. 반복해서 동일한 게임을 하는데도 전혀 지루하지 않았던 것이다. 이런 경험은 비단

어린 시절 뿐만이 아니라 일생을 거쳐 '놀이'라는 테두리 안에서 누구나 경험할 수 있는 것이다. 스튜어트 브라운Stuart Brown은 『플레이, 즐거움의 발견Play: how it shapes the brain, opens the imagination, and invigorates』에서 놀이의 특성을 다음과 같이 열거하고 있다.

(Brown and Vaughan 2010, 54)

- 행위자체가 목적이다
- 자발적이다
- 자의식이 줄어든다
- 즉흥적으로 바꿀 수 있다

놀이는 자체가 목적이 된다. 즉 다른 어떤 목적의 수단으로서가 아니라 그 자체에서 모든 행위가 시작되고 종료된다. 그리고 놀이는 자발적인 특성이 있다. 놀이에 참여할지 말지는 본인이 스스로 결정할 수 있기 때문이다. 자의식은 줄어든다. 다른 사람의 시선을 신경쓰지 않게 되고 심지어 놀이 속에서 다른 자아가 되기도 한다. 그 순간에는 몰입flow을 경험하게 되는 것이다. 마지막으로 놀이는 즉흥적으로 바꿀 수 있다. 놀이의 규칙을 얼마든지 바꿀 수도 있고 여러 가지 요소를 자유롭게 선택하여 놀이에 적용할 수 있다(Brown and Vaughan 2010, 55).

과학행위가 이러한 일련의 특성을 갖추게 된다면 과학행위도 특정 연구 집단에게는 얼마든지 놀이가 될 수 있다. 연구자 본인이 원하는 연구문제를 설정하고 그 연구문제 자체를 해결하는 데 목적을 두는 것이다. 본인이 설정한 연구문제인 만큼 그 과학행위는 당연히 자발적인 것이 된다. 연구결과는 과학행위를 진행하는 집단 안에서만 공유되기 때문에 외부에 공개되지 않는다고 가정하고 연구방법의 설정도 집단 안에서 자유롭게 수정, 변경이 가능하다면 이러한 과학행위는 놀이가 될 수 있을 것이다.

글쓴이는 미국에서 잠시 초등학교를 다녔는데 그 학교에서는 매학기 과학전람회Science Fair를 개최하였다. 학생 각 개인이 연구하고 싶은 주제를 학기 초에 자유롭게 설정하고 한 학기동안 연구를 진행하여 그 결과물을 학기말 과학전람회에서 공개하는 형식이었다. 물론 제출 여부는 자유다. 공개가 되기 때문에 연구결과물에 대한 부담이 있을 것이라고 생각할 수 있지만 학생들이 자발적으로 연구에 참여한다는 점, 그리고 따로 성적평가를 하지 않는다는 점 때문인지 그 누구도 부담을 느끼지 않는 것 같았다. 무엇보다도 연구결과를 제출하는 학생들 모두에게 각자의 연구분야와 관련된 전문서적이 주어지고 향후 과학전시관 탐방이라는 포상이 주어졌기 때문에 이 과학전람회는 아주 활발하게 진행되었다. 과학행위는 우리가 생각하는 것만큼 어렵고 딱딱한 것이 아니다. 얼마든지 놀이로서의 과학행위를 체험하고 경험할 수 있는 것이다.

(6) 아름다움: 발견이 즐거운 인간

카이스트에서 생물학 박사과정을 밟고 있는 친구와 과학행위를 하는 이유에 대해서 이야기를 나눌 기회가 있었다. 그 친구는 여러 가지 이유를 제시하였지만 나는 그 중에서도 가장 강력한 동기가 무엇인지를 계속해서 물어보았고 그 친구의 마지막 대답은 바로 자연의 이치를 발견했을 때 느끼는 '아름다움'이었다. 연구실에서 진행되는 수개월 간의 연구활동을 통해서 자연의 법칙 또는 이치를 발견했을 때 느끼는 그 아름다움, 그리고 거기서 비롯된 즐거움 자체가 자신이 과학행위를 하게끔 하는 가장 큰 이유가 된다는 것이었다. 처음에는 이를 자연과학에 한정하여 생각해보니 잘 와 닿지가 않았다. 하지만 사회과학에서도 특정 현상을 아주 잘 설명하는 기존의 이론을 접했을 때 우리가 감탄하는 것과 비슷한 경험이 아닐까라는 생각이 들었다. 사실 발견의 즐거움은 우리의 일상생활과 크게 동떨어져 있지 않다. 우리는 수많은 일상 가운데 발견의 즐거움을 만끽하고 있다. 스마트폰의 새로운 기능을 발견할 때마다 즐거움을 느끼고 소소하게는 수학문제를 풀 수 있는 공식을 발견할 때도 기쁨을 느낀다. 과학행위에도 이러한 발견의 즐거움은 동일하게 적용되는 것이다.

한때는 원자폭탄 개발 연구에 몸을 담았던 물리학자 리처드 파인만도 발견하는 즐거움 그 자체가 평생의 과학행위를 이끈 추동력이었다고 고백한다. 그는 발견의 짜릿함 자체를 즐긴 과학자였다.

> … 무언가를 발견하는 즐거움보다 더 큰 상은 없습니다. 사물의 이치를 발견하는 그 짜릿함, 남들이 내 연구결과를 활용하는 모습을 보는 것, 그런 것이 진짜 상이죠. 내게 명예라는 건 비현실적인 거에요. 나는 명예라는 걸 믿지도 않아요. 그건 나를 괴롭히기만 합니다. …
>
> (Feynman 2001, 34)

하지만 짜릿함과 즐거움은 단순히 이전에 보지 못했던 새로운 것을 발견한다고 느끼는 것이 아니다. 발견된 그 무언가의 아름다움, 또는 그 새로운 것이 내가 보고자, 발견하고자 했던 것이라야 즐거운 것이다. 연구문제를 설정하고 그 문제를 해결하면서 내가 기대했던 결과를 찾아냈을 때 발견의 짜릿함을 느끼는 것이다. 물론 의도했던 결과가 도출되지 않았거나 새로운 법칙을 발견하지 못했다고 해서 그 발견이 쓸모없어지거나 즐거움이 아주 없는 것은 아니다. 때로는 의도하지 않은 결과를 통해 과학이 진보하기도 한다.[3] 이것은 의도하지는 않았지만 발견의 즐거움을 느낄 수 있는 예외사례라고 할 수 있다.

(7) 신념과 신앙: 과학행위는 상위의 목적추구 수단

신념은 개인이 확고하게 믿는 가장 소중한 원칙 그리고 가치를 의미하는 것으로서 마음이 진심으로 원하고 선택하는 정신적 목표이다. 삶과 행동의 중심을 잡아 주고 방향성을 정해주는 기초라고 볼 수 있다. 반면 신앙은 절대적 타자他者나 절대적 자기에 대한 신뢰적 · 합일적合一的인 태도이다. 즉 신념은 합리적 경험의 범주에 그치는 사고 형식을 갖는데 비해, 신앙은 지知 · 정情 · 의意의 경험 전체에 관련될

3 플레밍이 페니실린을 발견한 데에는 전혀 과학자답지 못한 그의 실험습관이 큰 역할을 했다. 플로리와 카인이 이미 간파했듯이, 과학자로서는 그다지 바람직하지 않은 연구태도를 지닌 플레밍이 '최초의 항생제 발견'이라는 대단한 업적을 이룰 수 있었던 것은, 연구 과정에서 여러 가지 행운이 따랐기 때문에 가능했다. 플레밍의 연구실 바로 아래층에서는 곰팡이로 알레르기 백신을 만드는 연구를 진행하고 있었다. 이 실험에서 사용한 곰팡이 가운데 한 종류가 운 좋게 위층으로 날아와 마침 포도상구균을 배양하던 플레밍의 배양용기를 오염시킨 것이 행운이었다. 아래층에서 위층으로 날아온 곰팡이가 하필이면 페니실리움 노타툼Penicillium notatum인 것은 더욱 행운이었다. 이 곰팡이는 페니실리움에 속하는 곰팡이 가운데 아주 드문 것이다. 그리고 플레밍이 휴가를 가면서 배양용기를 배양기에 넣는 대신 실험대 위에 그대로 둔 것도 행운이었다. 보통 방법대로 배양용기를 배양기에 넣어 두었다면 포도상구균은 적절한 환경에서 잘 자라서 곰팡이의 살균력을 알아볼 수 없었을 것이며, 플레밍의 발견도 불가능했을 것이다(네이버 지식백과, 검색일 2012.11.25).

뿐 아니라 경험을 초월한 영역에까지도 관련된다. 하지만 이 논의에서 신념과 신앙이 가지는 의미의 차이가 크게 중요하지는 않다. 다만 여기서는 과학행위가 보다 더 원대하고 심오한 목적을 위한 수단으로서의 성격을 강하게 가진다는 점을 강조하고 싶다. 과학기술의 발전을 통해서 인류의 진보를 꿈꾸는 신념의 과학자나 신앙의 교리에서 요구되는 목표와 가치를 지키기 위해 소명의식을 가지고 과학행위를 하는 과학자나 모두 상위의 목적을 추구하면서 과학행위를 수단으로 여긴다는 점이 유사하기 때문이다.

20세기 일본 과학기술의 선구자이자 노벨상 수상자인 유카와 히데키ゆかわ ひでき는 평생을 물리학에 대한 뜨거운 열정으로 산 사람이다. 그는 일본의 물리학을 세계적인 학문으로 건설하는 목표에 대한 흥분을 감추지 못했었다고 한다(Yukawa Hideki 2012, 118). 오로지 일본의 물리학계를 세계적인 반열에 올려놓겠다는 신념이 과학행위를 추동한 강력한 동기가 된 것이다. 그리고 물리학의 발전을 위한 과학행위 그 자체가 신념의 실천이자 표현이었다.

동기가 신앙에 있는 사람들은 일반적으로 자신이 하고 있는 일에 대하여 소명의식을 가지고 과학행위를 실천하는 경우가 대부분이다. 자신에게 주어진 과학자 또는 연구자로서의 소명과 역할을 하루하루 충실히 지켜나가는 것이다. 이들은 기본적으로 과학행위 속에서 절대자의 존재를 인정한다. 우주질서를 밝혀 나가는 과정을 통해 절대자를 인식하기도 한다. 최근에 『신의 언어The Language of God』라는 책을 출판하면서 화제가 되었던 프랜시스 콜린스Francis Collins는 "게놈 서열을 관찰하고 그 놀라운 내용을 밝히는 일은 매우 경이로운 과학적 성취이자 하느님을 향한 예배의 시간이었다" 라고 말하기도 하였다(Collins, 2009, 8). 간혹 절대자의 완전함을 밝혀나가고 그것에 다가

가는 과정으로서, 동시에 절대자가 만들어 낸 우주질서 탐구를 통해서 절대자의 존재를 증명하려고 과학행위를 실천하는 사람도 있지만 이러한 신앙적 고백을 드러내놓고 과학행위를 실천하는 부류의 과학자들은 드물다.

3. 과학행위의 근본적인 추동력

지금까지 과학행위의 여러 가지 동기들을 살펴보았다. 하지만 앞서 언급한 과학행위의 동기 논의에 모든 사람들의 동기를 포섭할 수는 없다. 만약 이 세상 모든 과학행위의 동기를 논의하려면 아마도 과학행위를 하는 사람 수 만큼의 동기를 다 다루어야 할 것이다. 이 글의 목적은 모든 동기를 알아내고자 하는 것이 아니다. 오히려 이 수많은 심리적 유인의 근본적인 역동은 어디에서 오는가를 탐색하는 데에 있다. 글쓴이는 이것이 바로 과학행위의 불완전성을 극복하고 완전성을 향해 나아가려는 인간의 강한욕구라고 본다.

(1) 표면적 동기는 상황종속적contingent이다

앞에서 언급한 동기들 하나하나가 과학행위를 개별적으로 추동하기도 하지만 사실 현실에서 과학행위의 동기는 여러 가지가 함께 나타나는 경우도 많다. 과학행위의 동기는 섞여서 나타나는 것이다. 사랑받기 위해서 성공에 집착할 수도 있고 자연에서 규칙을 찾고자 하는 욕구가 아름다움을 발견하고자 하는 욕구와 혼합되어 나타날 수도 있다.

또 하나의 특징은 동기가 지속적으로 변한다는 사실이다. 노벨상을 목표로 과학행위를 하는 과학자가 만약 노벨상을 타면 그 동기는 사라지고 새로운 동기가 생겨날 것이다. 하나의 동기가 충족이 되는 순간 과학행위의 동기가 다른 것으로 또는 차상위의 것으로 대체되는 것이다. 시간의 흐름에 따라 연구자에게 축적되는 경험이 동기의 변화를 일으키기도 한다. 처음 과학행위에 입문했을 때는 문제해결에 대한 강한 의지를 갖고 있던 사람이 과학행위를 진행하다가 자연의 아름다움을 발견하고 그 즐거움을 좇게 되는 경우도 있다. 이처럼 동기는 내·외부의 상황에 따라 혼합되어 나타나기도 하고 변하기도 한다. 표면적 동기는 상황종속적인 것이다.

(2) 근본적 동기: 불완전성을 채워 완전성을 향해 나아가다

글쓴이는 이렇게 상황종속적인 동기의 기저에는 변하지 않는 절대적인 동기가 있다고 생각한다. 불완전성을 거부하고 완전성을 지향하는 인간의 심리적 역동이 작용한다고 보는 것이다. 실제로 과학적 발견에 있어서 인간이 모든 것을 알 수 있다고 주장하는 학자들이 있다. 현대물리학에 세 개의 혁명적 이론을 제시한 스티븐 호킹Stephen Hawking[4]은 "우리는 인간지성의 궁극적인 승리인, 완전한 이론을 발견할 수 있고, 신의 마음까지도 알 수 있다"라고 주장했다(Hawking 2006). 호킹의 뒤를 이은 영국 물리학자 폴 데이비스Paul Davies[5]도 인간

4 영국의 우주물리학자. '블랙홀은 검은 것이 아니라 빛보다 빠른 속도의 입자를 방출하며 뜨거운 물체처럼 빛을 발한다'는 학설을 내놓았으며, '특이점 정리' '블랙홀 증발' '양자우주론' 등 현대물리학에 3개의 혁명적 이론을 제시하였고, '양자중력론' 연구에 몰두하고 있다(네이버 지식백과, 검색일 2012.11.25).

5 세계적으로 각광을 받는 물리학자이자 우주학자이다. 그는 애리조나 주립대학

의 마음은 신의 마음의 비밀까지도 알아낼 수 있다고 말했다. 이들은 관측할 수 있는 모든 물리적 현상을 이론으로 설명해낼 수 있다고 자신하였다. 즉 완전한 과학행위를 실현하고자 하는 강한 욕구가 있으며 동시에 완전한 인간을 전제하고 있는 것이다.

하지만 인간은 불완전한 존재이다. 인간은 끊임없이 행위하기 때문이다. 과학행위를 지속한다는 것 자체가 인간이 불완전한 존재임을 말해 준다. 고대 그리스의 철학자 아리스토텔레스Aristoteles는 인간적 행위의 최상의 목적은 바로 '행복'eudaimonia[6]이라고 말한다(Aristoteles 2011, 425). '행복'이라는 목적을 이루게 되면 결핍이 없는 자족적 상태에 이르기 때문에 더 이상의 행위는 발생하지 않는 것이다. 아리스토텔레스의 이러한 행복 개념이 바로 글쓴이가 주장하는 완전성이다.

바뤼흐 스피노자Baruch Spinoza[7]도 "자연에 그 어떠한 것도 불규칙적이지 않다. 다만 인간의 지식이 불완전하기 때문에 그렇게 보일 뿐이

교의 비욘드(Beyond) 연구소를 이끌며 과학의 근본 개념에 대해 탐구하고 있다. 그는 우주론, 양자장 이론, 생명의 기원 같은 이론 물리학의 최신 성과를 다양한 저술과 미디어를 통해 대중에게 소개하는 일에 앞장서 왔다(Cosmos.asu.edu, 검색일 2012.12.18).

6 아리스토텔레스(Aristoteles)는 인간적 행위의 목적지향성, 또 그렇게 추구되는 목적 사이의 위계성으로부터 최상의 목적, 혹은 완전한 목적이 존재해야 한다는 것을 증명한다. 이 최상의 목적은 적어도 그 이름에 있어서는 대부분의 사람이 의견의 일치를 보이는데, 그것은 바로 '행복'(eudaimonia)이다. … (중략) … 어떤 것이 자족적이라는 말은 그것에 그것 아닌 다른 가치가 부가된다 해서 그것의 가치가 더 증대되지는 않을 정도로 결핍을 모른다는 말이다(Aristoteles 2011, 425).

7 네덜란드의 철학자. 데카르트 철학에서 결정적 영향을 받았다. "모든 것이 신이다"라고 하는 범신론(汎神論)의 사상을 역설하면서도 유물론자 · 무신론자였다. 그의 신이란 그리스도교적인 인격의 신이 아니고, 신은 즉 자연이었기 때문이다(네이버 지식백과, 검색일 2012.11.26).

다”라는 말을 남겼다(Gray and Davisson 2004, 10). 인간의 불완전함은 결국 불완전한 과학행위로 나타나고 인간은 이러한 불완전한 과학행위를 다시 완전한 것으로 만들려는 노력을 반복한다. 궁극적으로 ‘행복’의 상태에 이르고자 하는 것이 인간의 목표이기 때문이다. 인간은 불완전하지만 완전함의 상태, 즉 행복이라는 상태에 도달하기 위해 끊임없이 과학행위를 행하고 그 행위의 완전성을 추구해 나가는 것이다.

참고문헌

김웅진·김지희. 2012. 『정치학 연구방법론』. 서울: 명지사.

김웅진. 2011. 『인과모형의 설계』. 서울: 한국외국어대학교 출판부.

이정은. 2001. "인정 욕구에 대한 철학적 성찰". 『연세철학』 제10호, 233-250.

Aristoteles저 · 강상진 외 역. 2011. 『니코마코스 윤리학』. 서울: 도서출판 길.

Brown S. and Vaughan C.저 · 윤미나 역. 2010. 『플레이: 즐거움의 발견』. 서울: 흐름출판.

Collins, Francis 저·이창신 역. 2009. 『신의언어』. 파주: 김영사.

Davies, Paul저 · 과학세대 역. 1994. 『현대 물리학이 탐색하는 신의 마음』. 서울: 한뜻.

De Botton, Alain저 · 정영목 역. 2004. 『불안』. 서울: 은행나무.

Feynman, Richard저 · 송영조, 김희봉 역. 2001. 『발견하는 즐거움』. 서울: 승산.

Hawking, Stephen저 · 전대호 역. 2006. 『짧고 쉽게 쓴 시간의 역사』. 서울: 까치글방.

Hideki, Yukawa저 · 김성근 역. 2012. 『보이지 않는 것의 발견』. 서울: 김영사.

Gray R. and Davisson L. 2004 *An introduction to statistical signal processing*. New York: Cambridge University Press.

Mental Floss LLC저 · 강미경 역. 2005. 『지식의 통조림』. 서울: 세종서적.

Peck, Scott저 · 최미양 역. 2011. 『아직도 가야할 길』. 서울: 율리시즈.

Popper, Karl저 · 허형은 역. 2006. 『삶은 문제해결의 연속이다』. 서울: 부글북스.

네이버 지식백과. "페니실린의 발견에 얽힌 행운들". 〈http://terms.naver.com/entry.nhn?cid=902&docId=1048057&mobile&categoryId=902#〉 (검색일 2012.11.25).

네이버 지식백과. "스티븐 호킹". 〈http://terms.naver.com/entry.nhn?cid=2

00000000&docId=1154498&mobile&categoryId=200001517〉 (검색일 2012.11.26).

네이버 지식백과. "바뤼흐 스피노자". 〈http://terms.naver.com/entry.nhn?cid=200000000&docId=1117513&mobile&categoryId=200001141〉 (검색일 2012.11.26).

Arizona State University. "Paul Davies". 〈http://cosmos.asu.edu〉 (검색일 2012.12.18).

과학적 발견의 방법

제5장 과학적 탐구의 과정: 발견과 몰입

문 희 재*

우리에게 친숙한 과학적 발견은 다음과 같은 것들이다. '아르키메데스Archimedes가 욕조에서 부력의 법칙을 발견했다', '뉴턴Isaac Newton이 나무 밑에서 떨어지는 사과를 보고 중력을 발견했다', '플레밍Alexander Flemming이 실험실에서 '우연히' 페니실린을 발견했다'. 이런 식으로 과학사를 살펴보면 과학의 발전은 '천재들에게 다가온 행운'에 굉장히 많이 의존하고 있는 것처럼 비춰진다. 그러나 과학의 발전은 천재들에 의해서 어느 날 갑자기 운 좋게 이루어진 것이 아니다. 과학적 탐구는 운이 아니라 반복과 훈련, 즉 몰입을 필요로 하는 과정이다. 지금 우리가 누리고 있는 과학적 발전의 결과물들은 모두 이러한 몰입의 결실들인 것이다. 세상에 우연히, 운이 좋아 이루어지는 일은 없다.

필자는 본 장에서 이러한 관점을 토대로 과학적 탐구의 과정을 분석한다. 과학적 탐구의 과정, 즉 과학행위는 '끊임없는 몰입의 과정'이다. 과학자는 자신의 연구문제를 풀기 위해 연구대상에 대한 관찰을 끊임없이 반복해야 하고, 자신만의 설명의 논리을 만들기 위해서 기존 이론에 대한 깊은 이해를 지녀야 한다. 즉, 과학행위를 성공적으로 하기 위해서는 굉장한 노력이 필요한 것이다. 예를 들어, 뉴턴이 사과

* 한국외국어대학교 대학원 정치외교학과 석사과정

가 나무에서 떨어지는 것을 본 사건이 바로 중력법칙의 발견이 되지는 않았다. 아마 그는 자신이 본 것이 맞는지, 다른 물체도 그와 같이 떨어지는지도 살펴보았을 것이고, 집에 돌아가 책상에 앉아 그것을 어떻게 수학적으로 구조화할 것인가 고민했을 것이다. 설명이 완성된 후, 그는 절친한 친구들이나 주위 사람들에게 자신이 무엇을 보았고 어떻게 그것을 설명했는지 열심히 이야기했을 것이다. 뉴턴의 이러한 발견이 사회적으로 인정되고 그 후 법칙이 되기까지는 긴 시간이 필요했을 것이다. 필자가 조망하고자 하는 것은 과학행위의 과정이 '뉴턴이 사과가 떨어지는 것을 보았다'라는 단순한 것이 아니라는 점이다. 과학행위는 '뉴턴이 사과가 떨어지는 것을 보았고, 설명하는 공식을 만들어, 사람들에게 보여 주었더니 사람들이 그것을 믿었다'라는 보다 복잡한 과정이다.

1. '발견'으로서의 과학

(1) 과학적 탐구의 과정: 과학적 발견의 과정

과학적 탐구의 과정에 대한 이야기를 풀어나가기에 앞서 정의해야 하는 것은 과학적 탐구의 과정이 무엇인지에 대한 것이다. 본 절에서 이야기하고자 하는 것은 간단하다. 과학적 탐구의 과정은 곧 '과학적 발견의 과정의 반복'이라는 것이다.

가. 발견discovery과 과학적 발견scientific discovery의 차이

과학적 탐구의 과정은 무엇인가? 사실, 과학이나 과학적 탐구에 대한 보편적 정의는 존재하지 않는다. '과학적 탐구의 과정'이라는 개념에 대한 사람들의 인식은 조금씩 다르다. 따라서 이를 모두 포괄하는 정의를 내리는 것은 불가능하다. 그러나 그렇다고 해서 과학적 탐구의 과정을 규정할 수 없다는 것은 아니다. 우리는 어떤 대상이 지닌 보편적 특성을 이용하여 그것을 지칭하는 개념을 만들며, 이는 그 대상에 다른 대상과 구별되는 특성이 있음을 의미한다. 그러한 개념을 우리가 상호주관적[1]으로 인정한다면, 이는 통용될 수 있다.

본 글에서는 과학적 탐구에 대한 나크마이어스Chava and David Nachmias의 개념을 수용한다. 그에 따르면, 과학적 탐구행위는 '과학적 방법론에 기반한 지식의 생산'이다(Nachmias and Nachmias 1996, 3). 그렇다면 과학적 방법론에 기반한 지식의 생산은 어떻게 이루어지는가? 본 장의 주제인 과학적 발견은 과학적 방법론에 기반한 지식의 생산과 밀접한 관련이 있다. 따라서 과학적 방법론에 기반한 지식의 생산으로 규정된 과학적 탐구를 고찰하기 전에 과학적 발견이 무엇인지 알아보도록 하겠다.

'과학적 발견'은 단순히 새로운 것을 찾아내었음을 의미하는 일반적 의미의 '발견'이 아니다. 발견의 사전적 정의는 "미처 찾아내지 못하였거나 아직 알려지지 아니한 사물이나 현상, 사실 따위를 찾아냄(국립국어원 2012)", "누군가에 의해 찾아내어진 이전에 알려지지 않았던 사실이나 사물a fact or thing that someone finds out about, when it was not known about

1 상호주관성(intersubjectivity)은 공통적 주관 또는 주관적 인식의 일치상태를 지칭한다(김웅진 · 김지희 2012, 23).

before(Longman Dictionary)" 등으로, 단순히 이전에 알려지지 않았던 것을 찾아내는 행위에 초점이 맞추어져 있다. 그러나 '과학적 발견'은 이와 다른 의미와 위상을 지닌다. '과학적'이라는 말을 붙여 구분하는 이유가 바로 그것이다.[2]

김웅진에 따르면, 과학적 발견은 "지금까지 알려지지 않았던 사실의 성공적인 탐색과 그에 관한 과학적 진술의 최초제시", "알려지지 않았던 사실과의 단순한 조우를 넘어서 그와 같은 현상의 생성경로를 설명할 수 있는 분석모형의 구축까지 이르는 작업"(김웅진 1995, 298)으로, 포퍼Karl Popper가 말하는 "보다 깊은 설명 층위로의 진보"(Popper 1989, 191-193)를 의미한다. 이에 더해, 과학적 발견은 설명과 예측이라는 맥락에서 인증[3]된다. 따라서 과학적 발견은 새로운 현상에 대한 경험적 관측과 관측결과가 지닌 과학적 함의에 대한 최초의 진술로만 정의되지 않는다(김웅진 2007, 5). 요약하자면, 과학적 발견은 ① 알려지지 않았던 현상의 포착, ② 그에 대한 설명의 제시, ③ 포착과 설명에 대한 인증의 세 가지 과정으로 정의된다.

위의 논의를 통해 우리는 새로운 현상을 찾은 후, 그에 대한 설명을 제시하고, 설득과 예측으로 정당화하는 과정을 과학적 발견이라 정의하였다. 이는 곧 과학적 발견의 과정이 단순히 새로운 현상을 찾아내는 것만이 아니라, 그것이 무엇인지에 대한 설명의 논리를 제공하고,

---

2 발견에 '과학적'이란 용어를 붙여 과학적 발견에 대해 논할 경우, 이는 과학에는 과학만의 독특한 면이 있다는 입장을 수용함을 의미한다. 대표적인 예가 상식과 과학의 구분이라 할 수 있다. 네이글(Nagel)에 따르면 상식은 모호한 용어를 사용하며 체계적이지 못하나, 과학은 분명한 구분을 지니며 체계적 설명을 제시한다. 따라서 과학은 높은 논박가능성(refutability)을 지닌다(Nagel 1979, 7-9).

3 인증은 어떠한 개인의 포착과 설명에 대해 타인이 이해하고 그것이 타당한 것이라 수용함을 의미한다.

포착과 설명이 인증되는, 즉 '정당화된 지식의 구축과정'임을 의미한다. 과학적 발견이 이러한 위상을 지닌다면, 이것은 과학적 탐구에 대한 중요한 함의를 지닌다. 우리가 나크마이어스가 규정한 '과학적 방법론에 기반한 지식생산'을 과학적 탐구의 정의로 따른다면, 과학적 지식의 생산은 과학적 발견의 절차를 따르게 된다. 과학적 발견의 과정에서 연구자는 과학적 방법에 입각하여 관찰 · 설명 · 인증을 하게 된다. 즉, 과학적 발견 자체가 과학적 방법에 입각한 지식생산인 것이다. 따라서 우리는 과학적 탐구의 과정을 과학적 발견의 과정이라 할 수 있다.

이렇게 제시한 과학적 발견의 각 과정은 깊은 몰입immersion을 요구한다. 과학자는 포착을 위해 관찰대상을 유심히, 반복적으로 보아야 하고, 설명을 위해서는 기존 이론에 대한 깊은 이해와 자신만의 설명을 만들기 위한 많은 노력이 필요하다. 또한, 설득을 통한 정당화의 과정도 결코 쉽지 않다. 성공적인 과학자들은 자신들의 연구에서 이러한 면모를 보여주었다. 그들은 자신의 연구에 굉장히 몰입했으며, 몰입 속에서 과학의 발전에 기여한 귀중한 업적을 남겼다.

2. 과학적 발견: 포착 · 설명 · 정당화, 그리고 몰입

앞선 논의를 통해 두 가지가 도출되었다. 하나는 과학적 탐구의 과정을 과학적 발견의 과정으로 생각할 수 있다는 점과, 다른 하나는 과학적 발견의 과정이 단순히 새로운 것을 찾아내는 행위가 아니라 포착 · 설명 · 인증의 과정이라는 것이다. 본 절에서는 과학적 발견을 이론적으로 보다 자세히 고찰해보고, 기존 과학자들이 이 과정 속에서 어떠한 모습을 보였는지 다룬다.[4] 독자의 이해를 돕기 위해 사용한 사례는 천동설geocentric theory에서 지동설heliocentric theory로의 전환과정에 기여한 티코 브라헤Tycho Brahe[5] · 요하네스 케플러Johannes Kepler[6] · 갈릴레오 갈릴레이Galileo Galilei[7]의 이야기이다. 이들 사례를 통해 우리는 선배 과학자들이 자신의 연구에 어떻게 몰입하였는지 알아볼 수 있을 것이다.[8]

---

4 과학적 발견을 포착 · 설명 · 정당화의 과정으로 규정하는 것은 필자만의 고유한 생각은 아니다. 구딩(David Gooding)은 이해(construal), 해석(interpretation), 확정적 해석(definitive interpretation), 모범(exemplar)의 4단계를 제시하며 과학적 발견에 대한 자신만의 논의를 풀어나간다(Gooding 1986, 219-221). 이해와 해석은 포착, 확정적 해석은 설명, 모범은 포착과 설명이 정당화가 이루어진 이후와 상당한 유사성을 지닌다.

5 티코 브라헤: 덴마크의 천문학자. 1546년 12월 14일 출생 - 1601년 10월 24일 사망. 코펜하겐(Copenhagen)대학과 라이프치히(Leipzig)대학에서 수학. 코페르니쿠스 행성표의 오류를 발견한 후 그것을 수정하는 것에 자신의 인생을 바치리라 다짐하였다고 전해진다. 그의 관측자료는 망원경 발명 이전에 존재하는 가장 정확하고 방대한 자료로 일컬어지고 있다(Biograhpy, http://www.biography.com/people/tycho-brahe-9223871, 검색일 2012.11.3).

6 요하네스 케플러: 독일의 천문학자. 1571년 출생 - 1630년 사망. 16세기와 17세기 과학혁명의 가장 대표적인 인물. 신학을 전공하였으나 수학적 능력과 이론적 창조성을 인정받고 이에 매진하게 되었다. 코페르니쿠스적 이론을 수용하고, 프톨레마이오스의 천동설 체계와 아리스토텔레스의 자연철학, 티코 브라헤의 혼합 체계에 대항해 코페르니쿠스 체계를 지지하였다. 천체의 운동에 대한 자신의 세 법칙으로 불멸의 영예를 얻었으며, 수학과 광학에 대해서도 중요한 업적을 남겼다(Stanford Encyclopedia of Philosophy, http://plato.stanford.edu/entries/kepler/, 검색일 2012.11.3).

7 갈릴레오 갈릴레이: 이탈리아의 과학자. 1564년 2월 15일 출생 - 1642년 1월 8일 사망. 피사(Pisa) 대학에서 수학. 코페르니쿠스의 지구가 태양 주위를 돈다는 주장을 자신의 『두 우주체계에 관한 대화』에서 지지하였고, 그로 인하여 로마 교황청의 이단 혐의를 받고 가택 연금으로 여생을 보내게 된다. 이외에도 진자의 등시성, 관성법칙 등을 발견하였다(Biography, http://www.biography.com/people/galileo-9305220, 검색일 2012.11.3).

(1) 포착[9]: 고찰 · 관찰의 반복을 통한 연구문제의 획득

과학적 발견의 첫 번째 단계는 관찰observation을 통해 새로운 현상 혹은 문제를 잡아내는 '포착capture'이다. 포착은 관찰에서 얻어지는 것으로, 새로운 현상을 잡아내는 사건이다. 이는 두 가지를 포괄하는데, 하나는 기존 이론에 대한 연구 중에 문제점을 찾아내는 '이론적 포착'과 연구대상에 대한 관찰 과정에서 문제점을 찾아내는 '관찰을 통한 포착'이다. 포착의 필요성은 명확하다. 과학자가 연구를 하기 위해서는 연구문제research puzzle가 필요하다. 포착은 이러한 연구문제를 찾아내는 과정으로 과학적 발견의 첫 단계이다.

포착이 우연의 산물인가 면밀한 관찰의 결과인가에 대해서는 이견이 있을 수 있다. 그러나 슬로비첵Fran Slowiczek은 포착이 준비되어 있는 자에게 다가온다고 주장하며(Slowiczek 2004, 2) 포착이 순전히 우연의 산물은 아님을 강조한다. 즉, 문제의식을 가지고 자신의 관찰 대상을 유심히 지켜보는 과학자가 새로운 연구문제를 찾아낼 수 있다는 것이다. 따라서 포착은 준비된 과학자, 다시 말한다면 '몰입하는 자'에게 주어진다.

포착의 대표 사례는 덴마크의 귀족이자 천문학자인 브라헤이다. 브라헤가 특별한 이유는 귀족이면서 학문의 길을 걸었다는 점이나[10],

---

0 천동설에서 지동설로의 전환은 천문학의 혁명으로 간주되는(김영식 2001, 20) 과학사적으로 매우 중요한 사건이다.

9 포착은 발견의 첫 번째 단계로 구딩의 기준에 따르면 이해(construal)에서 해석(interpretation)까지의 과정이다(Gooding 1986, 219-220). 이해는 새로운 가능성의 포착을 이야기 하며(Gooding 1986, 208), 해석은 포착 현상의 기존 이론과의 관련성이 점쳐지는 단계를 의미한다.

10 16세기 유럽의 귀족은 학문에 관심을 가지거나 자신만의 의견을 개진할 수는 있었으나, 대학 교수가 될 수는 없었다. 또한 귀족들은 자신의 저술을 출판하는

〈그림 1〉 티코 브라헤

사촌과의 싸움에서 코를 베여 가짜 코를 달고 다녔다는 점과 같은 그의 특이한 인생이나 성격에 있지 않다. 브라헤가 과학사적으로 특별한 이유는 그가 많은 관찰을 통해 다량의 포착을 했고, 그의 관찰기록이 케플러의 포착에 크게 기여하였기 때문이다. 즉, 천문학자로서 브라헤는 별을 보는 데 그 누구보다 몰입했던 사람이다. 그가 포착을 위해 관찰에 보인 열의는 매우 대단했으며, 또한 그의 관찰은 매우 방대하고 정확했다.

브라헤는 16세부터 자신만의 천체관측일지를(1563년), 1572년부터 자신의 관측을 토대로 한 행성표를 만들었다(Ferguson 2004, 46/74). 또한 그는 1576년 5월 23일 덴마크 국왕 프레데릭 2세에게 코펜하겐 북동쪽의 벤 섬을 영지로 받은 후 우라니보르Uraniborg 천문대[11]를 건설하여 천체를 관찰하였다. 기록에 따르면, 브라헤는 벤 섬에 이주한 뒤로 1577년부터 매 달 열 차례에서 열다섯 차례씩 외출을

등의 학문적 행위는 하지 않았다(Ferguson 2004, 52).

[11] 그림 2는 헨릭 한슨(Henrik Hanson)이 1862년에 16세기 목판화를 토대로 그린 우라니보르 천문대의 상상도이다(Ferguson 2004, 114).

하여 정오의 태양이나 밤의 행성을 관찰하기도 하고, 혜성을 관찰할 때는 24시간 마다 천문대에 올라 관찰을 하는 등 규칙적인 관찰을 진행하였다(Ferguson 2004, 117). 브라헤는 자신의 관찰 결과를 매우 자세히 기록하였는데, 그는 1582년부터 1597년 3월 15일까지 자신의 천문대에서 관찰한 하늘을 매일 기록하여 남기기도 하였다(Ferguson 2004, 247).

브라헤가 과학사적으로 의미 있는 이유는 자신의 행성체계인 티코 체계Tychonian system를 구축하였다는 점에도 있으나, 그보다는 그가 관측을 통해 축적한 방대한 양의 관측 자료 때문이다(Ferguson 2004, 313). 티코체계는 여전히 지구가 우주의 중심임을 가정한 천동설에 입각한 체계였기에 한계가 있었다.[12] 브라헤가 특별한 이유는 그의 관측자료가 방대하면서도 굉장히 정밀했고, 그것이 없었다면 화성의 공전궤도가 타원형임을 밝힌 케플러의 연구(행성 운행의 제1법칙)가

〈그림 2〉 우라니보르그 천문대

[12] 브라헤의 체계는 움직이지 않는 지구와 이를 중심으로 공전하는 태양, 그리고 태양을 중심으로 공전하는 행성으로 이루어진 행성체계이론이다.

존재할 수 없었다는 점에 있다(Ferguson 2004, 388). 즉, 브라헤는 '관찰에 몰입한 과학자'로서 포착에 필요한 자세를 보여준 모범 사례로서의 위상을 지닌다.

(2) 설명[13]: 타당한 설명을 위한 기존 이론 체계에의 몰입과 반복적 추론

설명explanation[14]은 포착에 논리적으로 타당한 해석을 제시하는 과정으로 발견의 두 번째 단계이다. 이 과정에서 과학자는 연구문제에 대한 명확한 해석의 제시를 시도한다. 과학자의 해석은 반복적 수정으로 특징지워지는데, 이 과정이 과학자에게는 가장 지루하고 고된 단계라 할 수 있다. 처음부터 만족할만한 설명을 얻는 과학자는 없으며, 그들은 유효한 설명을 얻기 위해 짧게는 수개월에서 길게는 수십년에 이르는 기간 동안 연구를 진행한다. 따라서 설명은 창조성으로만 이루어지지 않는다. 과학자는 자신이 포착한 연구문제에 대한 설명의 논리를 제시하기 위해 기존 이론체계, 또는 다른 학자의 설명을 면밀히 검토한다. 그 과정 속에서 과학자는 자신의 설명을 지속적으로 수정하는 과정을 통해 연구문제에 대한 보다 유효한 해석을 시도한다. 앞서 다룬 포착이 관찰에 몰입한 결과로 얻어지는 것이라면,

---

13 설명은 구딩의 확정적 해석(definitive interpretation)이 만들어지는 과정이라 할 수 있다(Gooding 1986, 220).

14 과학적 설명은 포퍼에서는 '알려진 피설명항에 대한 알려지지 않은 설명항의 제시'(Popper 1989, 191), 나크마이어스에서는 "왜?'라는 질문에 대해 일반적(general) 설명을 제시하는 행위'(Nachmias 1996, 7) 등으로 정의된다. 포퍼는 설명의 세 가지의 요건을 제시하는데, 이는 ① 논리적으로 피설명항 수반해야 한다 ② 논리적으로 옳아야 한다 ③ 설명이 실험가능 해야 한다는 세 개의 요건이다(Popper 1989, 192).

두 번째 단계인 설명은 기존 이론체계와 과학자 자신이 만들어나가는 추론에 몰입해야 얻을 수 있다.

〈그림 3〉 요하네스 케플러

설명 시도의 대표적 인물은 케플러이다. 케플러의 예를 든 이유는 앞서 다룬 브라헤의 사례에 더불어 브라헤가 그를 관측자료 분석의 최적의 조수(Ferguson 2004, 313)로 생각했다는 점이나, 케플러의 탐구과정에서 근대과학의 특징인 '인과적 추론causal inference'이 등장한다는 점, 또는 그가 보인 천재성과 케플러 행성법칙의 중요성 때문만은 아니다. 케플러는 과학적 설명을 제시하는 과정이 쉬운 과정이 아님을 몸소 보여주었다. 타당한 과학적 설명을 위해 과학자는 반복적 추론을 한다. 그런데 이 반복적 추론이 얼마나 걸릴지는 아무도 알 수 없다. 행성의 운행에 대한 자신의 법칙을 만들어낸 케플러도 마찬가지였다. 그는 자신에게 필요한 것은 브라헤의 관측자료 뿐이라며 만약 그가 브라헤의 방대한 관측자료에 접근할 수만 있다면[15] 8일

[15] 케플러가 이렇게 이야기했던 이유는 브라헤가 케플러에게 자신의 관측자료를

안에 태양중심체계의 문제점을 해결해 낼 수 있으리라, 즉 지동설에 기반하여 천체의 운동을 설명할 수 있다고 단언했다. 그러나 케플러가 브라헤의 자료를 얻은 후 자신의 지동설 체계를 제시한 것은 그로부터 8년뒤, 2절지 900여장을 채우는 계산을 진행한 후였다(곽영직 2010, 71-72).

케플러의 업적은 브라헤의 관측자료를 토대로 화성의 공전궤도가 원형이 아니라 타원형임을 밝혀 지동설이 옳다는 근거를 제시한 것이다.

고대 그리스 시기부터 서양사회는 원이 완전함을 뜻하는 것으로 간주하였고, 천체는 완전하다는 아리스토텔레스의 이론에 영향을 받은 천문학자들은 천체의 운행이 원형을 이룰 것이라 가정하고 천문학 연구를 진행하였다. 이러한 영향은 케플러의 시대에도 남아있었는데, 케플러도 기존의 관념에 따라 천체의 운행이 원형임을 전제하고 자신의 설명을 전개하였다. 그러나 그 설명은 브라헤의 관측자료와 맞지 않았다. 자신의 설명이 브라헤의 자료와 맞지 않다는 점을 발견했을 때, 케플러는 그곳에서 좌절하지 않고 자신만의 연구문제를 포착하였다. 그의 판단에 따르면, 브라헤의 관측자료는 정확했고, 규칙적인 오류가 발생한다는 것은 브라헤의 자료의 문제가 아니라 그것을 설명하는 체계에 문제가 있다는 것이었다. 그는 이에 대한 반복적 추론을 통해 행성의 운행이 원형이 아니고 타원형임을 밝혀내었다.[16]

넘기는 것을 주저하였기 때문이다. 이는 케플러가 젊은 시절 브라헤의 라이벌인 우르수스(Ursus)를 찬양하는 듯한 편지를 우르수스에게 보냈고, 이에 대한 응답으로 우르수스가 케플러가 자신의 의견에 동조한다는 듯한 내용을 자신의 저술에 담았기 때문이었다. 이 때문에 브라헤는 편집증적인 증세를 보이기도 했다(Ferguson 2004, 311).

16 케플러가 어떠한 과정을 통해 자신의 설명을 만들었는지는 퍼거슨(Ferguson 2004)의 책 참조.

그러나 앞서 언급했듯이 케플러의 작업은 간단하지 않았다. 그가 자신의 제1법칙과 제2법칙에[17] 도달한 시기는 책을 완성하겠다고 약속한 1602년으로부터 무려 3년이나 지난 1605년 이었다. 그것이 체계화되어 저서로 출간된 것은 1609년으로, 우리에게 『신 천문학 Astronomia nova』이라는 이름으로 전해진다(Ferguson 2004, 386). 또한, 그 뒤 케플러의 제3법칙인 조화법칙harmonic law의[18] 발견은 10년 이상이 흐른 뒤인 1618년에 이르러서였다. 케플러는 이를 자신의 저서 『우주의 조화Harmonices Mundi』를 마무리하는 과정에서 생각해내었다(Ferguson 2004, 412-413). 즉, 그의 우주체계는 1602년에서 1618년까지의 연구를 통해 완성된 것이다.

케플러의 행성운행에 대한 법칙은 그의 창조적 사고의 산물이기도 하지만, 아무런 토대 없이 이루어진 것은 아니었다. 케플러는 기존 이론체계에 굉장히 몰입해 있는, 즉 매우 높은 수준의 이해를 한 상태에서 문제를 잡아내었고, 그 속에서 창조적 사고를 하여 자신의 설명의 논리를 만들었다.

(3) 정당화[19]: 인증을 위한 반복적 예측 및 설득

정당화는 포착을 통해 얻어진 연구문제와 그에 대한 설명이 타당하

---

17 제1법칙: 행성은 태양을 하나의 초점으로 하는 타원궤도상을 운동한다. 제2법칙: 행성과 태양을 잇는 선분이 단위 시간에 스치고 지나가는 면적은 행성의 위치에 관계없이 항상 일정하다.

18 제3법칙: 행성의 공전주기의 제곱은 타원궤도의 긴 반지름의 세제곱에 비례한다.

19 이러한 단계를 통해 사회적으로 인증된 포착과 설명은 구딩이 제시한 모범(exemplar)(Gooding 1986, 221)이나 쿤(Thomas Kuhn)이 이야기하는 패러다임(paradigm)의 위상을 차지했다고 볼 수 있다.

다고 인증 받는 과정으로, 과학적 발견의 마지막 단계이다. 정당화는 두 가지로 나눌 수 있다. 첫째는 과학사회에 의하여 포착 · 설명이 인증되는 과정, 즉 사회적 정당화의 과정이고, 둘째는 과학자의 설명이 자신이 제시한 설명에 기반한 예측에 성공하여 인증되는 예측을 통한 정당화의 과정이다. 그러나 예측을 통한 정당화는 대부분 사회적 정당화를 위한 근거로 작용하므로, 정당화는 결국 포착과 설명의 사회적 인증과정이라 이해할 수 있다.

사회적 정당화는 두 단계에 걸쳐 이루어진다. 첫째는 방법론을 통한 인증으로 앞서 논의한 포착과 설명이 협약과 동의[20]에 기반하여 있는가를 판단하는 과정이다. 둘째는 생산된 지식, 즉 포착과 설명의 내용에 대한 인증과정으로 사회의 다른 구성원이 포착과 설명을 타당하다고 동의하느냐에 대한 것이다. 타인의 인증이 필요한 이유는 우리가 객관성에 대한 주장을 다른 과학자가 인증하여 줄 때 까지, 즉 '상호주관성intersubjectivity'이 확보될 때까지 하지 못한다는(Nachmias 1996, 14) 논리에 기인한다. 따라서 과학자는 첫 번째 조건을 충족하기 위해 과학사회적으로 인증된 방법론에 기반한 방법을 통한 관찰과 설명을 진행한다. 또한, 그것에 기반한 자신만의 지식이 도출되었을 때, 상호주관성을 확보하기 위해 동료 과학자에게 자신의 포착과 설명을 제시하고, 그들이 그것에 동의하도록 설득한다. 이러한 사회적 인증은 개인이 사적 영역에서 포착 · 설명한 것이 공적 영역에서 타인에 의해 수용되는가에 대한 것이다. 간단히 말해, 이는 '나의 포착과

[20] 협약에 대해서는 블레이럭(Hubert Blalock)의 설명 참조(Blalock 1964, 6). 협약과 동의는 이론-연구 간 본연적 간극을 매우기 위한 것으로, 수용된 협약과 동의는 검증되는 것이 아니다. 따라서 이것은 해당 과학사회 내에서만 통용될 수 있다.

설명을 다른 사람도 그렇다 인정을 하는가?'에 대답하는 과정이다.

사회적 인증에 앞서 필요한 것은 포착과 설명의 확산이다. 과학자의 포착과 설명이 타인에게로 전해져야 인증 또한 이루어질 수 있기 때문이다. 김영식의 논리(김영식 2001, 299-300)에 기초해 이 과정을 분류하면 다음과 같다. 첫째, '목격'으로 과학자의 포착과 설명, 그에 기반한 실험을 타인이 직접 보는 행위이다. 둘째, '재현'으로 타인이 직접 포착과 설명을 실행해 보는 행위이다. 셋째, '정보교환'으로 서신이나 책을 통해 포착과 설명의 내용을 알리는 행위이다.

그러나 목격과 재현은 시간적 · 물리적 제약이 존재해 과학자의 포착과 설명을 널리 확산시키지는 못한다. 따라서 확산에 가장 크게 기여하는 행위는 정보교환이다. 정보교환은 출판 등을 통해 시간의 제약 없이 최소한의 제약으로 최대한의 청중에게 과학자의 포착과 설명을 확산시키는 데 기여한다. 오늘날의 학술지 논문게재나 도서출판이 이와 같은 확산의 사례라 볼 수 있다.

그렇다면 과학자는 왜 이러한 확산을 추구하는가? 이는 과학자가 자신의 포착과 설명에 대한 사회적 인증을 추구하기 때문이다.[21] 사회적 인증의 추구를 위해 과학자는 타인을 설득해야 한다. 확산은 이러한 설득을 위한 기초적 행위이다.

설득의 과정이 단 한번으로 이루어진다면 좋겠으나 현실은 그렇지 않다. 설득을 위해 연구자는 우선 포착과 설명의 단계에서 몰입을 통해 완성도 높은 결과를 얻어내어야 하며, 그 후에는 동료과학자들의 이해와 동의를 위해서도 굉장한 공을 들여야 한다. 이는 두 가지

[21] 과학자가 왜 사회적 인증을 추구하는가에 대해서는 자아실현, 경제적 이유, 심리적 불안 해소 등 여러 설명이 있을 수 있다. 과학행위의 추동력에 대하여는 본 책의 2부 참조.

이유에 기인하는데, 첫째는 자신의 연구를 타인이 이해해야 하기 때문이며 둘째는 자신의 연구를 다른 과학자들도 타당하다고 인정해야 하기 때문이다.

〈그림 4〉 갈릴레오 갈릴레이

이러한 측면에서 보았을 때, 갈릴레이는 지동설의 과학사회적 인증에 기여한 과학자로서의 위상을 지닌다. 그는 출판이라는 정보교환행위를 통해 자신의 포착과 설명을 확산시키고 설득하였다. 갈릴레이의 이러한 노력은 그의 『대화Dialogo sopra i due massimi sistemi del mondo』[22]에 잘 나타나 있다. 갈릴레이의 『대화』의 본래 이름은 『두 우주체계에 관한 대화』로 1632년에 이탈리아 피렌체에서 출간되었다. 책의 구성은 플라톤의 『국가Republic』, 키케로의 『법률론De Legibus』과 같은 서양 고전들이 대화체로 구성되어 있는 것처럼 살비아티Salviati, 사그레도Sagredo, 심플리치오Simplicio 세 명의 대화로 이루어진다. 그들의 대화는 4일

[22] 갈릴레이의 저작에 대한 국문 소개서로는 오철우(2009)의 저서가 있고, 원문에 대한 영어번역은 드레이크(Drake 2001)의 뛰어난 번역본이 있다.

동안 진행되며, 살비아티는 코페르니쿠스 체계를, 심플리치오는 프톨레마이오스 체계를 옹호하는 입장에서 논쟁을 벌인다.

갈릴레이의 사회적 설득을 위한 노력은 그의 저술 형식에서 나타난다. 갈릴레이는 자신의 저작을 전문가 집단만을 위해 쓰지 않고 대중 또한 염두에 두고 썼다. 즉, 그는 자신의 책을 라틴어가 아닌 근대 이탈리아어로 저술하는 등 본인의 포착과 설명을 보다 많은 청중에게 전달하기 위한 노력을 하였다. 이러한 갈릴레이의 노력은 근대과학적 사고를 알리는 데 기여했다(Drake 1957, 2-4). 일각에는 갈릴레이가 문필력이 없어 설득이 불가했다면 그가 지지한 이론들이 위대한 발견이 될 수 없었을 것이라는 주장도 있다(Crease 2006, 51).

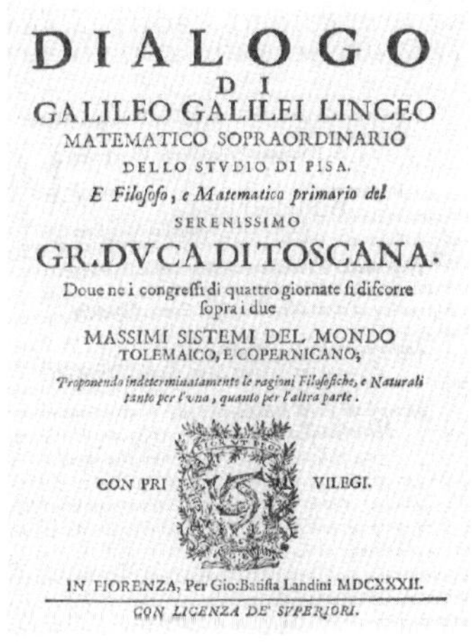
DIALOGO
DI
GALILEO GALILEI LINCEO
MATEMATICO SOPRAORDINARIO
DELLO STVDIO DI PISA.
E Filosofo, e Matematico primario del
SERENISSIMO
GR.DVCA DI TOSCANA.
Doue ne i congressi di quattro giornate si discorre
sopra i due
MASSIMI SISTEMI DEL MONDO
TOLEMAICO, E COPERNICANO;
Proponendo indeterminatamente le ragioni Filosofiche, e Naturali
tanto per l'vna, quanto per l'altra parte.
CON PRI VILEGI.
IN FIORENZA, Per Gio:Batista Landini MDCXXXII.
CON LICENZA DE' SVPERIORI.

〈그림 5〉 갈릴레이의 『대화』

갈릴레이의 이러한 노력은 그가 자신의 포착과 설명에 얼마나 몰입했었는지 보여준다. 물론 지동설은 갈릴레이 혼자만의 것이 아니다. 그는 코페르니쿠스, 브라헤, 케플러에 이르는 기존 연구를 토대로 자신의 지동설체계를 정리했다. 즉, 갈릴레이는 지동설체계를 접한 뒤 그것에 매료되어 주변 사람들을 설득하려 하였던 것이다. 갈릴레이의 주변 인사들은 1616년에 그에게 태양중심적 이론을 포기하라 종용하기도 하였고(Drake 1957, 285), 그 해에 그는 교황청 종교재판에서 유죄를 선고 받는다. 그러나 그는 지동설에 대한 신념을 포기하지 않았다. 갈릴레이는 자신에게 우호적인 우르바노 8세가 교황에 즉위한 이후 천동설과 지동설 논쟁을 소개하는 식으로 구성된 『대화』를 기획하여 출판한다. 그가 취한 형식은 두 이론을 소개하는 것이었으나, 이를 조금만 살펴보면 (천동설 지지자의 이름이 '단순한 이'를 뜻하는 심플리치오인 것만 봐도 알 수 있다) 지동설의 타당성을 설득하는 내용임을 알 수 있다. 결국 이 책은 굉장한 파장을 일으켰다(오철우 2009, 37-45). 비록 이 책은 이단 시비에 걸리게 되어 17세기 중순부터 19세기 초까지 금서로 분류되었으나, 결국 사람들은 설득되었고 우리의 우주관은 천동설에서 지동설로 전환되게 된다.

다음은 예측을 통한 정당화이다. 예측을 통한 정당화는 과학자가 제시한 포착과 설명이 반복적인 예측에 성공해 그의 설명이 옳은 것이라 인정받을 수 있는 근거를 얻어내는 과정이다. 설명을 토대로 한 예측은 진정한 과학적 설명을 위한 충분조건은 아니더라도 필요조건으로는 작용한다(O'hear 1995, 25). 또한, 이는 인과모형의 평가가 '예측의 성공'에 있다는 점과 과학자가 자신의 모형이 예측에 성공하면 그것을 유지하고, 그렇지 못할 경우 이를 거부하거나 대체한다는 점(Blalock 1964, 20)에도 그 중요성이 있다.[23]

[23] 본질적으로 예측은 설명과 논리구조가 동일하다. 차이는 설명이 결과가 있을 때 원인을 찾는 것 이라면 예측은 원인이 있을 때 결과를 기대한다는 점에 있을 뿐이다(Nachmias 1996, 10).

과학자는 과학사회적 인증을 추구할 때 자신의 설명의 타당성에 대한 근거로 예측의 성공을 제시한다. 이에 대한 역사적 사례는 케플러와 갈릴레이의 예측 성공 사례가 있다. 지동설의 예측에 대한 입증은 갈릴레이 이전에 케플러를 통해 먼저 이루어졌다. 케플러는 자신의 설명을 토대로 '루돌프 행성표Rudolphine Tables'[24]를 만들었는데, 이에 따른 행성의 위상 예측은 그 이전에 쓰이던 '프루테닉 행성표Prutenic Tables'[25]보다 훨씬 정확했다. 루돌프 행성표에 기반하여 화성의 위상을 예측했을 경우의 오차는, 프루테닉 행성표에 기반하였을 경우의 오차가 최대 5도 까지 발생하였는데 비해 루돌프 행성표의 오차는 최대 10각분이었다는 점에서 굉장한 차이를 보였다.[26] 이에 더해, 케플러는 루돌프 행성표를 토대로 1631년의 수성과 금성의 자오선[27] 통과를 예측하는 성과를 거두기도 하였다(Ferguson 2004, 424-425).

예측의 성공에 대한 판단은 설명의 제시자 본인이 아니라 타인에 의해서도 얻어질 수 있다. 앞서 언급한 케플러도 자신의 예측을 눈으

---

24 루돌프 행성표(Rudolphine Tables)는 1627년에 케플러에 의해 발간된 행성표이다. 브라헤의 관측자료를 기초로 만들어졌으며, 망원경 발명 이전에 존재한 행성표 중 가장 정확했다. 행성표의 이름은 브라헤와 케플러의 후원자인 신성로마 제국의 루돌프 2세(Rudolf II)를 기념하여 붙여졌다(Encyclopedia Britannica, http://www.britannica.com/EBchecked/topic/512279/Rudolphine-Tables, 검색일 2012.11.15).

25 프루테닉 행성표(Prutenic Tables)는 1551년에 천문학자인 라인홀드(Erasmus Reinhold)에 의해 발간된 행성표로, 후원자인 프러시아의 알비드 1세(Albert I)를 기념하여 프러시안 행성표라 불리기도 한다. 코페르니쿠스의 지동설에 입각하여 작성된 행성표이다(University of Cambridge, http://www.hps.cam.ac.uk/starry/tychotables.html, 검색일 2012.11.15).

26 각분(minute of arc)은 1°의 $\frac{1}{60}$에 해당하는 크기를 의미한다.

27 자오선(meridian)은 천구상에서 지평의 남북점, 천정, 하늘의 양극을 연결하는 대원이다.

로 확인하지는 못하였다. 수성과 금성의 자오선 통과는 프랑스인들에 의해 관측되어 케플러에게 서신으로 전해졌다. 이러한 사례는 코페르니쿠스에게서도 나타난다. 갈릴레이는 자신이 발명한 망원경으로 코페르니쿠스의 예측을 인증하였다. 갈릴레이는 1610년에 금성의 위상 변화를 망원경으로 살핀 후 결과를 도표로 만들었는데, 이는 코페르니쿠스의 이론에 입각한 태양중심체계의 예측과 정확히 일치하였다(곽영직 2010, 75; Drake 1957, 74-75).

3. '몰입'으로서의 과학

지금까지의 논의를 통해 과학행위가 과학적 발견의 과정으로 이루어져 있음을 규정했고, 이러한 과학적 발견이 포착 · 설명 · 정당화의 세 가지 과정으로 구성되어 있음을 살펴보았다. 그리고 이에 대하여 각각 티코 브라헤, 요하네스 케플러, 갈릴레오 갈릴레이의 사례를 통해 과학자들이 역사적으로 자신들의 연구를 어떠한 자세로 수행했는지 알아보았다. 이를 통해 알아낸 것은, 과학자들이 포착 · 설명 · 정당화의 과정에서 공통적으로 '몰입'이라는 특성을 보였다는 것이다. 과학자들은 모두 자신의 작업에 깊이 빠져들었으며, 그 속에서 뛰어난 성과를 얻었다.

이러한 몰입의 중요성은 토머스 쿤Thomas Khun의 주장과 일맥상통한다. 쿤은 "성공적 과학자는 전통주의자traditionalist면서 우상파괴자iconoclast이다(Kuhn 1977, 227)"라고 주장하면서 몰입의 중요성을 이야기하였다. 쿤의 주장 속의 '전통주의자'는 본 글에서 상정하는 몰입하는 과학자로서, 이들은 자신이 속한 패러다임에 깊이 빠져든 상태에서 과학행위를 수행한다. 즉, 전통주의자의 몰입하는 특성은 성공적 과학자의 기본 자질인 것이다. 라카토시Imre Lakatos가 정의한 '진보적 연구프로그램progressive research programme'도 바로 이러한 몰입을 하는 과학자들이 다수 존재하는 연구프로그램일 것이다. 그에 따르면, 진보적 연구프로그램은 새로운 사실novel fact을 더 잘 발견하는 연구프로그램이다(Lakatos 1986, 5). 그렇다면 누가 알려지지 않은 사실을 더욱 잘 발견할 수 있는가? 이에 대한 해답은 이미 제시되었다. 브라헤는 자신의 관찰에 몰입했고, 케플러는 자신의 설명을 보다 정교한 것으로 만들기 위해 몰입했으며, 갈릴레이는 자신의 주장을 설득시키기 위해 몰입했다. 이들이 보여준 것처럼 자신의 과학행위에 깊게 몰입한 연구자들이 새로운 사실을 더욱 잘 발견할 수 있었다.

이러한 측면에서 보았을 때, 과학에서 끊임없이 강조되는 '창조적 발견'은 어느 순간 획기적으로 이루어지는 것이 아니다. 이는 몰입하는 자에게만 찾아오는 선물과 같다. 성공적 과학자가 되기 위한 첫 번째 요건은, 브라헤, 케플러, 갈릴레이처럼 자신의 연구에 '몰입'하는 자세일 것이다.

참고문헌

곽영직. 2010. 『Q & A 과학사』. 파주: 살림.

김영식. 2001. 『과학혁명』. 서울: 아르케.

김웅진. 1995. "과학적 발견과 정치사회적 정당화". 『한국정치학회보』 제29권 3호, 295-310.

______. 2007. "우연, 강박, 방법론적 습성과 긴장: 과학적 발견의 추동력". 『주관성 연구』 제14호, 5-18.

김웅진 · 김지희. 2012. 『정치학 연구방법론』. 서울: 명지사.

오철우. 2009. 『갈릴레오의 두 우주 체계에 관한 대화: 태양계의 그림을 새로 그리다』. 서울: 사계절.

Crease, Robert저 · 김명남 역. 2006. 『세상에서 가장 아름다운 실험 열 가지』. 서울: 지호.

Ferguson, Kitty저 · 이충 역. 2004. 『티코와 케플러』. 서울: 오상.

O'hear, Anthony저 · 신중섭 역. 1995. 『현대의 과학철학 입문』. 서울: 서광사.

Blalock, Hubert. 1964. *Causal Inferences in Nonexperimental Research*. New York: W. W. Norton.

Drake, Stillman. 1957. *Discoveries and Opinions of Galileo*. New York: Random House.

______. 2001. *Dialogue concerning the two chief world systems, Ptolemaic and Copernican*. New York: Modern Library.

Kuhn, Thomas. 1977. *The Essential Tension*. Chicago and London: University of Chicago Press.

Lakatos, Imre. 1986. *The Methodology of Scientific Research Programmes*. Cambridge: Cambridge University Press.

Nachmias, Chava and David Nachmias. 1996. *Research Methods in the Social Sciences*. New York: St. Martin's Press.

Nagel, Ernest. 1979. *The Structure of Science, Problems in the Logic of Scientific Explanation.* London & Henley: Routledge & Kegan.

Popper, Karl. 1989. *Objective Knowledge, An Evolutionary Approach.* Oxford: Clarendon Press.

______. 1959. *The Logic of Scientific Discovery.* London and New York: Routledge.

Gooding, David. 1986. "How do Scientists Reach Agreement About Novel Observations?" *Studies in History and Philosophy of Science* Vol. 17, No. 2, 205-230.

Slowiczek, Fran and Pamela Peters. 2004. "Discovery, Chance and the Scientific Method." 〈http://accessexcellence.org/AE/AEC/CC/chance.php〉 (검색일 2012.12.12).

국립국어원 〈http://stdweb2.korean.go.kr/search/List_dic.jsp〉.

Alleydog. 〈http://www.alleydog.com〉.

Bio.com. 〈http://www.biography.com〉.

Encyclopedia Britannica. 〈http://www.britannica.com〉.

High Altitude Observatory. 〈http://www.hao.ucar.edu/〉.

Longman Dictionary. 〈http://www.ldoceonline.com/dictionary/discovery〉.

Stanford Encyclopedia of Philosophy. 〈http://plato.stanford.edu〉.

Tycho Brahe Museum. 〈http://www.tychobrahe.com〉.

University of Cambridge Department of History and Philosophy of Science. 〈http://www.hps.cam.ac.uk〉.

제6장 과학적 발견의 방법: 익숙함으로부터 벗어나기

이 서 영*

1. 익숙한 거리를 거닐다

사람은 무언가에 익숙함을 느낀다. 익숙함의 대상은 사람이 될 수도 있고, 장소가 될 수도 있고, 어떤 향기나 음식이 될 수도 있다. 익숙함을 느낀다는 것은 그만큼 그 대상과 긴밀하게 연결되어 있다는 의미이고 그 대상을 자주, 그리고 오랜 기간 봐왔다는 말이다. 내가 어떤 사람에게 익숙하다는 것은 그 사람과 나만의 특별한 관계가 형성되어 있다는 뜻이고 누군가가 그 관계에 개입하여 익숙함을 깨뜨릴 수 없다는 일종의 신뢰를 내포하고 있다. 그리고 익숙한 장소는 자신이 나고 자란 고향, 오랜 시간을 보내는 직장이나 학교, 수년간 살아온 집일 수 있다. 그러한 장소는 편안함과 안식을 제공하고 일상생활의 터전이 된다. 또한 특정 향기나 음식에 익숙하다는 것은 그 향기를 뿜어내는 사람이나 장소에 친숙하거나 어떤 음식에 관련된 기억이나 분위기를 그리워한다는 말이다.

한편 사람은 자신을 둘러싼 환경에 익숙해진다. 즉, 자신이 속한 가정, 조직, 사회, 국가 등에 익숙해져 평소에는 그것을 인식하기 어

* 한국외국어대학교 대학원 정치외교학과 박사과정

럽다. 하지만 익숙한 곳에서 벗어나 낯선 상황에 처할 때, 환경이 주던 익숙함을 알아차리게 된다. 예를 들어, 친구 집에 놀러갈 때 느끼는 어색함, 두 사람이 만나 결혼할 때 양가의 가풍이 달라 겪게 되는 불편함, 타국에 여행을 가서 느끼는 이국적인 분위기 등이 그것이다.

이처럼 익숙함을 느끼는 것은 매우 자연스러운 일이다. 기억의 바구니 속에 기억의 조각들을 하나씩 보관할 수 있는 사람은 삶의 각 영역마다 익숙함을 마련해나간다. 익숙함은 때로는 행복을 가져다주고 삶의 만족을 느끼게 해준다. 그런데 사람이 무언가에 익숙해지면 자신도 모르는 사이에 그 대상을 자기만의 시각으로 바라보게 된다. 세계를 있는 그대로 바라보지 않고 자신의 경험과 생각으로 대상을 규정하고 근거 없는 추측을 사실로 굳게 믿게 되는 것이다. 행복을 주던 익숙함은 어느새 행복을 빼앗아가는 무기가 되어버린다.

다시 말해, 익숙함에 젖어 일정한 사고의 틀에 갇힌 사람은 자신이 살아가는 '현재'를 왜곡할 뿐만 아니라, 지나온 '과거', 앞으로 다가올 '미래'도 전부 작은 생각의 상자 안에 가둔다. 생각의 상자에 갇힌 사람은 자신과 관계를 맺는 모든 사물, 사람, 환경 등을 있는 모습 그대로 바라볼 수 없다. 두꺼운 벽이 자신의 존재와 외부 세계 사이를 가로막고 있기 때문이다. 이 경우에 "나는 너의 모든 것을 알고 있어" 또는 "나는 네가 어떻게 반응할 지 잘 알고 있어"라는 확신에 찬 말은 사실상 상대방의 존재를 수용하지 않은 상태로 '내 생각 속의 너'를 알고 있다는 표현에 지나지 않는다.

이와 같이 익숙함에 대해 문제를 제기하면 많은 사람들이 "그럼 삶을 살아가지 말라는 이야기입니까?"라는 질문을 던지며 의아해 할 것이다. 또는 "익숙함이 무조건 나쁘다고 말하는 당신은 비관주의자

이시균요"라며 비아냥거릴 수도 있다. 그러나 필자는 익숙함을 부인하거나 익숙함이 나쁘기 때문에 없애야 한다는 이야기를 하려는 것이 아니다. 이 글의 목적은 익숙함으로 인해 사고가 경직되어 새로운 지식을 발견하지 못하는 상태를 지적하고 그로부터 벗어나 과학적 발견에 이르는 방법을 제시하는 데에 있다. 무언가에 익숙함을 느낀다는 것은 인간으로서 겪게 되는 자연스러운 현상이다. 그렇기 때문에 우리는 익숙함이 가진 위험성에 대해 더욱 마음을 열고 귀를 기울여야 한다.

2. 과학체계에서의 익숙함: 패러다임의 양면성

(1) 과학적 발견을 돕는 익숙함

과학체계 안에서도 익숙함은 매우 자연스러운 일이다. 연구자는 자신이 속한 과학체계가 제공하는 연구대상에 익숙해지고 과학행위의 규준 및 과학적 연구방법을 터득해간다. 예를 들어, 정치외교학과 대학원에 입학한 신입생은 비교정치, 한국정치, 국제정치, 정치사상 등 정치학의 각 세부전공에서 다루는 중요한 논문이나 책을 읽고 이론적인 틀을 배운다. 그리고 학습된 지식을 토대로 연구주제를 정하고, 교수로부터 논문작성법을 배워 일정한 규준에 따라 논문을 작성하여 학위를 받는다. 이처럼 대학원 신입생은 대학원 또는 학계라는 과학체계의 틀에 맞추어 새로운 지식을 생산한다.

과학체계 내에 형성된 틀은 과학자들이 과학적 발견을 하도록 돕는다. 과학자는 기존에 이루어진 연구를 바탕으로 연구문제를 구체화시키고 지식을 획득하며 문제풀이를 위한 연구방법을 습득한다. 과학자는 처음에는 이러한 틀을 낯설어하다가 점차 익숙해져서 자연스럽게 자신의 연구문제를 풀어간다. 이 같은 과학체계의 틀을 토머스 쿤Thomas Kuhn은 '패러다임paradigm'이라고 정의하였고, 래리 라우든Larry Laudan은 '연구전통research traditions'으로, 임레 라카토시Imre Lakatos는 '연구프로그램research programme'으로 명명하였다.

쿤의 '패러다임'은 특정한 과학적 연구전통에서 공유된 신념·가치·연구방법을 바탕으로 하여 실제적으로 연구문제를 해결한 사례를 의미한다(Kuhn 1962, 10). 패러다임은 과학자들에게 적합한 연구목록과 연구방법을 제시하고, 과학자들은 이에 맞추어 연구를 진행한다. 패러다임은 '정상과학normal science'과 밀접한 관련이 있다. 정상과학이란, 과거에 성공한 과학적 발견에 바탕을 둔 연구활동을 의미한다. 정상과학은 일반적으로 널리 사용되는 과학교재textbooks의 형태를 띠고[1] 심화연구의 기반이 된다. 과학자는 과학체계가 인정한 정상과학에 따라 과학행위를 한다. 예를 들어, 과학자는 천동설이나 지동설, 아리스토텔레스 역학이나 뉴턴 역학, 입자광학이나 파동광학 중 과학자 집단이 인정한 정상과학에 따라 과학행위를 한다.

한편 라우든은 '연구전통'이라는 단어로 과학체계의 틀을 설명했다.[2] 연구전통은 연구대상의 종류 및 연구과정에 대한 신념체계, 연구

---

1 아리스토텔레스의 『자연학Physic』, 프톨레마이오스의 『천문학집대성Almagest』, 뉴턴의 『프린키피아Principia』와 『광학Opticks』, 프랭클린의 『전기에 관한 실험과 관찰기록Experiments and Observations on Electricity』, 라부아지에의 『화학요론Traite elementaire de himie』, 라이엘의 『지질학Geology』 등이 있다(Kuhn 1962, 10).

2 쿤은 경쟁적인 패러다임들이 공존할 수 없다고 보지만, 라우든은 경쟁적인 연구전통이 공존할 수 있다고 본다(Laudan 1981, 152).

문제 탐구방식, 이론검증방식, 자료수집방법 등에 대한 인식론적 · 방법론적 규범을 뜻한다. 하나의 연구전통에서 여러 이론들이 파생되는데, 같은 연구전통에서 나온 이론들은 동일한 방법론적 규범으로 검증 · 평가된다. 연구전통은 다양한 기능을 한다. 먼저 연구전통에 속한 과학자들에게 반론을 제기할 수 없는 필수적인 가정assumptions을 제공한다. 그리고 연구전통에 부적합한 이론을 식별해내고, 자료수집방법 및 이론검증규칙을 제시하는 역할을 한다. 마지막으로, 연구전통의 존재론적·인식론적 주장을 깨뜨리는 이론에 대해 개념적 문제conceptual problem를 제기한다(Laudan 1981, 51).

라카토시는 쿤의 패러다임, 라우든의 연구전통과 비슷한 개념으로 '연구프로그램'이라는 용어를 사용하였다. 연구프로그램은 '하드코어hard core'와 이를 둘러싸고 있는 '보호벨트protective belt', 그리고 '유리스틱heuristic'으로 구성된다. 하드코어는 수정되거나 반증될 수 없는 핵심적인 규범을 뜻하고 보호벨트는 하드코어를 보충하는 보조가설auxiliary hypotheses로 이루어져있다. 한편 유리스틱이란, 강력한 문제풀이기제powerful problem-solving machinery로서 복잡한 수리적 기법을 사용하여 하드코어의 논리가 적용되지 않는 특수한 사례anomalies를 하드코어에 맞게 전환시킨다(Lakatos 1986, 4-5).

이처럼 세 학자가 정의한 패러다임, 연구전통, 연구프로그램은 공통적으로 특정 과학자 집단 내에서 적합한 연구문제와 연구방법을 제시하는 역할을 한다. 과학자의 연구활동은 자신이 속한 과학체계가 허용하는 범위 내에 한정된다. 즉, 연구자는 사회적·집합적으로 형성된 장場, field 안에서 연구내용 및 연구방법 선정에 실질적으로 영향을 받는다. 이렇게 과학자는 일정한 규준 속에서 새로운 지식을 발견해나간다.

여기서 주목할 점은 과학자가 처음 과학체계에 발을 디딜 때 낯설어하던 패러다임에 차츰 익숙해져간다는 사실이다. 이것은 마치 장난감 블록을 처음 보고 머뭇거리던 어린아이가 블록을 가지고 노는 법을 터득한 뒤 신나게 성을 쌓았다가 무너뜨리고 자동차를 만들었다가 부수기를 반복하는 것과 같다. 과학자도 낯선 연구대상과 연구방법을 어색해하다가 동료 연구자들과 연구주제에 대해 대화를 나누고 그들이 사용하는 연구방법을 배워가면서, 패러다임에 점차 익숙해져서 연구문제를 풀어간다. 과학체계의 익숙함이 과학적 발견을 돕는 것이다.

(2) 과학적 발견을 방해하는 익숙함

과학자는 패러다임 속에서 새로운 지식을 획득하지만, 만약 패러다임이 경직되면, 과학적 발견에 방해를 받기 시작한다. 패러다임이 경직될 때, 연구자는 패러다임이 제시하는 연구문제와 연구방법에 익숙해져 패러다임 밖에서 연구문제를 가져오거나 새로운 문제풀이기법을 사용하지 않기 때문이다. 이에 대해 라카토시는 기존의 연구프로그램은 이미 알려진 사실에 대한 연구에는 도움이 되지만, 아직 알려지지 않은 사실에 대한 연구에는 방해가 된다고 주장한다(Lakatos 1986, 4-5). 같은 맥락에서 김웅진은 "안정된 과학은 과학의 또 다른 지향점인 창조적 사고, 과감한 추측을 억제한다는 딜레마"가 있다고 지적한다(김웅진 2005, 115).

그러면 패러다임은 왜 경직되는가? 그 이유는 패러다임 자체의 속성과 패러다임에 속한 연구자의 태도와 자세에서 비롯된다. 먼저 패러다임은 스스로 경직되는 속성을 가지고 있다. 패러다임 내의 전통적인 과학자 집단은 자신이 차지하고 있는 지위를 지켜내기 위해 패러다임을 안정적으로 유지하고자 한다. 이를 위해서 과학자는 주요 패러다임의 타당성을 적극적으로 인정하고 패러다임이 제시하는 연구문제와 연구방법을 충실하게 따라야 한다. 이와 반대로 과학자가 패러다임에서 벗어나 새로운 문제를 제기하거나 새로운 연구방법을 사용하면 기존의 틀이 흔들려 패러다임의 생존에 위협이 된다. 따라서 패러다임은 스스로 살아남기 위해 외부의 영향력을 차단하고 경직된다(김웅진 2005, 115).

이러한 패러다임의 속성 때문에 연구자는 고정된 틀에 맞추어 주어진 연구문제를 일련의 방법으로 풀어야 과학체계에서 연구활동을 지속할 수 있다. 낯선 연구문제를 제시하거나 이색적인 연구방법을 사용하면, 그 연구는 기존 과학자들로부터 가치 없다고 평가받아 폐기되고 그 연구자는 정상과학자 집단 밖으로 추방당한다. 다시 말해, 익숙한 패러다임에서 벗어나 낯선 무언가를 제시한 연구자는 익숙함을 공유한 과학패권 구조에서 배격되고 퇴출당한다.

이 과정에서 연구활동에 대한 연구자의 태도와 자세가 굳어진다. 예를 들어, 연구문제가 풀리지 않을 때 연구자는 연구대상이나 연구방법 자체에 문제를 제기하기보다 자신의 실력 없음을 탓하며 다시 교과서를 찾아보고 어떻게든 책 속에서 실마리를 찾아내고자한다. 거대한 패러다임의 영향력에 압도되어 문제풀이를 위한 연구자의 창의적인 발상이 제한되고 패러다임의 경직성이 심화된다.

3. 익숙함으로부터 벗어나는 방법: '낯설게 하기'

(1) '낯설게 하기suspending'란?

익숙한 사물이나 환경으로부터 새로운 지식을 발견하기 위해서는 익숙한 대상을 낯설게 만들어야 한다. '낯설다'의 사전적 의미는 '전에 본 기억이 없어 익숙하지 아니하다', '사물이 눈에 익지 아니하다'이다.[3] 따라서 익숙한 것을 낯설게 만든다는 말은 이미 눈에 익은 사물을 의식적으로 새롭게 본다는 의미이다. 마치 자신과 밀착되어 있는 관찰대상을 떼어내어 벽에 걸어놓고 한 발자국 떨어져서 바라보는 것과 같다. 다시 말해, 자연스럽고 당연하게 여겨지는 사실에 "과연 이 사실이 진짜일까?"라는 의문을 던짐으로써 기존에 가지고 있던 관념으로 인해 이전에 깨닫지 못했던 대상의 새로운 면모를 발견하는 것이다.

문학적 기법에서도 '낯설게 하기(시치미떼기)'를 찾아볼 수 있다. 이 용어는 러시아 형식주의자들이 처음 사용한 단어로 이완근은 소설용어사전에서 다음과 같이 정의하고 있다.[4]

> 낯설게 하기는 일상화되어 있는 우리의 지각이나 인식의 틀을 깨고 사물의 모습을 낯설게 하여 사물에게 본래의 모습을 찾아 주는 데 그 목적이 있다. 낯설게 하기란 그런 점에서 형식을 난해하게 하고 지각에 소요되는 시간을 연장시킴으로써 표현 대상이 예

---

3 국립국어원 표준국어대사전. 〈http://stdweb2.korean.go.kr〉 (검색일 2012.12.4).

4 낯설게 하기를 보여 주는 작품에는 최인호의 '영가', 장정일의 '아담이 눈뜰 때', 하일지의 '경마장 가는 길', 최인훈의 '총독의 소리', '서유기', 이인성의 '낯선 시간 속으로' 등이 있다(이완근, 소설용어사전).

술적임을 의식적으로 경험하게 하는 양식인 셈이다. 낯설게 하기는 궁극적으로 독자의 기대 지평을 무너뜨려 새로운 양식을 태동시키게 된다. 의미심장한 내용을 작가가 모르는 체하며 이야기하는 수법이다(이완근, 소설용어사전).

문학평론가 양병호는 "낯설게 하기의 시학"이라는 글에서 '세계의 사물들에 익숙하게 길들여진 존재가 바로 나'라고 말하면서 '상투적인 일상에 감염된 우리의 의식을 일깨우는 역할을 하는 것이 시가 지닌 사명감'이고, '일상을 전복하기, 전도된 일상을 형상화하기가 시인의 숙제'라고 말한다. '규격화되고 도식화된 세계를 휘저어 새로운 세계를 만들기 위한 고통이 시인의 숙명'이라는 것이다(양병호 2003). 이처럼 시인은 반복되는 일상 속에서 무표정한 사람들을 깨우기 위해 익숙함으로부터 벗어나 일상 언어를 비틀고 압축해서 낯선 언어로 시를 쓴다. '낯설게 하기' 기법은 도식적인 공식을 파괴하여 독자들의 마음을 사로잡는다.

(2) '낯설게 하기'에 필요한 자세

사람은 낯선 대상을 마주할 때 긴장하고 두려움을 느낀다. 낯설다는 것은 잘 알지 못한다는 뜻이고, 자신이 상황을 통제할 수 없다는 의미이기 때문이다. 이 긴장감과 두려움을 어떻게 해결하느냐에 따라 개인이 낯선 세계를 만날 때 보이는 반응이 다양하다. 새로움을 수월하고 즐겁게 받아들이는 사람이 있는가 하면 당황하고 분노하면서 거부하는 이도 있다. 자신의 생각이 옳다는 확신이 강한 사람일수록 새로운 세계를 인식하고 인정하는 데에 더 큰 불편함을 느낀다. 낯선 세계에 대한 거부감이 큰 사람은 새로운 지식을 부분적으로 받아들이거나 이미 가지고 있던 생각의 틀에 억지로 끼워 맞추고자 한다. 새로운 지식에 대한 부분적 수용 혹은 기존의 사고방식을 고수한 제한적인 이해는 대상의 본질을 왜곡시킨다. 이처럼 새로운 지식을 받아들이고 사고의 폭이 넓어지는 사람이 있는가 하면, 새로움이 주는 낯설음으로 인해 이를 거부하는 사람도 있다.

이러한 이유로 과학적 지식의 발견은 연구자의 자세 및 태도와 깊은 관련이 있다. 먼저 연구자는 패러다임의 존재를 인식함으로써 낯선 세계를 받아들일 준비를 한다. 패러다임의 속성을 파악하고 패러다임이 제시하는 연구문제와 연구방법을 인식하고자 노력하면 낯선 세계를 조금 더 수월하게 받아들일 수 있다. 기존의 패러다임으로부터 자신을 분리시키는 작업은 매우 어려운데, 그 이유는 사고의 초기 단계부터 패러다임을 당연한 것으로 받아들여 왔기 때문이다. 따라서 익숙한 패러다임을 의식적으로 인식하고 한 걸음 물러나 그것을 바라볼 때 자신이 속한 패러다임을 알아차릴 수 있다.

이 같은 작업은 과학자 집단 내에서 돌출된 행동으로 나타나기 때문에 주요 패러다임을 낯설게 하는 연구활동을 하기 위해서는 '비정상'이라는 평가를 견뎌내는 용기와 인내심이 필요하다. 동료 과학자들이 새로운 연구문제의 가치를 인정하지 않더라도 그 중요성을 대담하게 피력할 수 있는 용기가 있어야 한다. 그리고 새로운 과학적 발견이 과학체계에 받아들여지기까지 오랜 시간이 걸리더라도 포기하지 않고 기다릴 수 있는 인내심도 있어야 한다. 요컨대, 연구자가 과학체계의 주요 패러다임에서 벗어나 과학행위를 하기 위해서는 흔들리지 않는 굳은 신념이 필요하다.

이에 더하여 연구자가 익숙함에서 벗어나 세계를 낯설게 바라보기 위해서는 인간 이성理性의 한계와 지식의 무한성無限性을 인정하는 겸허한 자세가 필요하다. 사람이 세상의 모든 지식을 다 알 수 없고 특정 패러다임 밖에서도 새로운 지식생산이 가능하다는 사실을 인정하는 마음가짐이다. 이럴 때, 연구자는 낯선 세계가 제시하는 새로운 지식을 열린 마음으로 습득할 수 있다. 창의적인 사고와 과감한 추측을 수용하는 자세는 대상의 본질을 파악하고 새로운 과학적 발견에 이르게 하는 중요한 태도이다.

(3) 낯설게 하는 방법

낯설게 하는 방법은 첫째, 본연의 '나'를 알기, 둘째, 익숙함 알아차리기, 셋째, 집착 버리기, 넷째, 다시 익숙함으로 돌아가려는 습성 제어하기, 다섯째, 낯설게 하여 얻은 새로운 변화에 다시 익숙해지지 않도록 경계하기이다. 이 과정은 순환적이다.

익숙한 대상을 낯설게 보기 위해서는 먼저 자신에 대한 깊이 있는 성찰이 필요하다. 나라는 존재가 누구인지, 나의 기질과 특성은 무엇인지 알아야 나에게 익숙해진 존재를 알아차릴 수 있다. 즉, 내가 서 있는 장場, field의 영향력으로부터 자유로운 본래의 '나'를 알 때, 익숙한 사물이나 환경이 무엇인지 구별해낼 수 있다. 예를 들어, 어떤 회사원이 사무실에서는 매우 과묵하다가도 집에 돌아가면 그 누구보다도 수다스럽다면, 그는 사무실과 집의 영향을 받는다고 볼 수 있다. 자신도 모르는 사이에 사무실에서 요구되는 역할과 분위기에 따라 그의 본연의 모습이 감추어지는데 그것을 인식하지 못한다면, 그는 사무실이라는 환경에 익숙해져버린 것과 같다. 나를 아는 작업은 생각보다 쉽지 않다. 어릴 때부터 사회화과정을 거치면서 성격과 기질이 형성되어 본연의 모습이 감춰지기 때문이다. 오랜 시간동안 익숙해진 자신으로부터 벗어나 본연의 모습을 발견하는 작업은 난해한 과학적 지식을 발견하는 것만큼 어렵다.

본연의 '나'의 모습을 알았다면, 그 다음으로는 나에게 영향을 미치는 익숙한 존재가 무엇인지 찾아내야 한다. 그것은 나와 늘 함께 생활하는 사람이나 물건일 수도 있고, 내가 속해 있는 조직의 문화일 수도 있다. 익숙한 대상을 찾아내는 작업은 내가 일상생활에서 한 번도 문제 삼지 않았던 어떤 사실에 대해 '정말 그러한가?' '이것이 과연 절대 변하지 않는 사실인가?'라는 의문을 제기하는 것에서 시작된다. 특히 사람들이 일반적으로 당연하다고 여기는 사회적 관습이나 규칙에 대해 질문을 던지는 작업이 수반되어야 한다.

예를 들어, 어떤 학생이 학교에서도, 도서관에서도 공부에 집중이 되지 않는데, 늘 그렇듯이 공부가 잘 되지 않는다는 생각에 그치는 것이 아니라 왜 공부가 안 되는지 이유를 찾다가 자기 책상이 아니면 공부가 안 된다는 사실을 알아차릴 수 있다. 그 사람은 자기 집, 자기 방에 있는 자기 책상의 구조와 그 책상에서 일어나는 사고작용에 익숙해져 다른 장소에서는 전혀 집중이 되지 않는 것이다. 그 순간 그는 '나는 정말 내 책상에서만 공부가 잘 되는가?' '내 책상에서만 집중이 되는 이유는 무엇인가?'라고 자문해본다.

이 같은 질문을 던진 다음 단계는 '집착 버리기'이다. 위의 질문에 대해 그는 '어떤 이유에서건 나는 내 책상 이외에는 집중이 안 된다'라고 답하거나, '다시 생각해보니 내 책상에서만 공부가 잘 된다고 생각했던 이유는 내가 내 책상과 그에 따른 정서적 안정감을 고집했기 때문이지 실제로는 책상 자체가 공부를 잘 되게 하거나 못 되게 하는 근본적인 원인이 아니었다'라고 답할 수 있다. 전자의 답과 같이 자기 책상을 고집하고 집착을 버리지 않으면 결국 그 책상이 아닌 다른 곳에서는 계속 집중하지 못하게 된다. 반대로 후자와 같이 답하면 그는 자기 책상에 대한 집착을 버리고 어느 장소에서도 집중하여 공부할 수 있게 된다.

이처럼 집착을 버린다는 것은 특정 사물이나 환경에 대한 자기 주도권을 포기하는 것을 의미한다. 자기 책상에 대한 집착을 버린 사람은 반드시 그 책상이 아니더라도 집중이 되는 다양한 환경을 자신에게 허용하고 고정된 장소에서 벗어날 수 있다. 반대로, 자기 책상에 계속 집착하는 사람은 집중이 되는 조건과 상황을 통제하고 그 결과에 대해 스스로 책임지려고 한다.

낯설게 보기의 네 번째 단계는 과거의 익숙함으로 다시 돌아가고자 하는 습성을 제어하는 것이다. 아무리 자기 자신을 알고, 익숙함을 인지하고, 집착을 버리는 데까지 성공했다 하더라도 사람은 다시 과거에 누렸던 안락함과 편안함으로 돌아가고 싶은 충동을 느낀다. 자기 책상에서 벗어나 도서관에서도 집중이 잘 되기 시작한 그가 갑자기 도서관이라는 새로운 환경에 불편함을 느끼고 다시 집중이 안 되기 시작한다. 자신의 책상을 떠올리며 '역시 내 책상이 필요해'라고 되새긴 후 황급히 짐을 챙겨 자기 집, 자기 방, 자기 책상으로 돌아가 자리에 앉는다면 그는 다시금 스스로 질문을 던지고 집착을 버리는 과정을 거쳐야 한다. '내가 도서관에서 집중이 되지 않는 이유는 무엇인가?'라고 자문하고 '내 책상에 익숙해졌기 때문이고, 익숙함은 사실상 집중도를 좌우하지 않는다'라고 답하는 것이다. 이처럼 익숙한 책상에서 벗어나 장소에 구애받지 않기 위해서는 과거의 익숙함으로 돌아가려는 습성을 제어하여 낯선 자리에 충분히 머물러 있어야 한다.

낯설게 하기의 마지막 단계는 새로운 변화를 받아들이고 또 다시 그 새로움에 익숙해지지 않도록 경계하는 것이다. 위의 예시에서 과거의 익숙함으로 돌아가려는 자기 자신을 붙잡아 둔 결과, 그는 이제 어느 장소에서도 집중하여 공부할 수 있게 되었다. 하지만 그는 또 다시 넓어진 환경 속에서 다른 무언가에 익숙해질 수 있다. 그것은 소음이 없는 환경, 꼭 사용해야 하는 펜, 어느 정도의 쿠션이 있는 의자 등 다양하다. 그러나 다른 어떤 조건도 집중도를 해치는 결정적인 원인이 될 수 없다. 만약 그가 확장된 새로운 환경에서 다른 조건에 익숙해져 활동범위가 좁아진다면, 다시금 익숙함을 깨닫고, 집착을 버리며, 과거의 익숙함으로 돌아가려는 습성을 막아 익숙함을 경계해야 한다. 즉 낯설게 보기의 첫 번째 단계로 돌아가 처음부터 그 과정을 반복한다. 이처럼 무언가를 포기할 때, 그것을 잃지 않고 오히려 그보다 더 큰 것을 얻게 된다.

조직이론가 피터 생게Peter Senge는 조직경영에 낯설게 보기를 적용한다. 그는 새로운 시각으로 바라보는 일은 습관적인 사고방식과 이해방식을 버리는 데서 시작한다고 말한다. 인지과학자 프란시스코 바렐라Francisco Varela는 이런 능력을 발달시키는 일은 '중지suspension', 즉 '습관적 생각의 줄기로부터 우리 자신을 떼어내는 일'을 필요로 한다고 말하였고, 물리학자 데이비드 봄David Bohm은 "우리가 사고를 지배하는 것이 아니라 사고가 우리를 지배하고 있습니다"라고 말하였다. 생게는 익숙함에서 벗어나기 위해 우리의 사고를 아예 없애는 것이 아니라 스스로 자신이 어떤 사고의 틀에 놓여 있다는 사실을 인식해야 한다고 주장한다. 그럴 때에만 우리가 대상을 왜곡하지 않고 제대로 볼 수 있다는 것이다. 다시 말해, 내면에서 들려오는 판단의 목소리[5]를 제거하고 기존의 모형이나 체제를 강요하지 않겠다는 의지와 인내심을 유지할 때, 오히려 사물을 제대로 볼 수 있게 된다.

나아가 셍게는 개인적 사고보다 집단적 사고group thinking에서 들려오는 판단의 목소리가 더욱 거세다고 말한다. 집단적 사고는 집단구성원들이 공유된 가치와 사고방식을 갖도록 강압적으로 요구하고, 집단의 현 상태를 유지하도록 굉장한 힘으로 압박하기 때문이다. 이러한 목소리는 사람들에게 무엇을 말하고 무엇을 말하지 않아야 하는지, 그리고 무엇을 생각해야 하는지까지도 말해준나(Peter Senge 외 2006, 40-46). 따라서 조직에 속해 있을 때, 대상의 본질을 그대로 바라보고 새로운 발견을 하기 위해서는 익숙한 것을 낯설게 만드는 더 큰 의지와 힘이 필요하다.

(4) 적용 사례

'낯설게 하기'를 적용할 수 있는 범주는 경험적인 것에서 추상적인 것까지 광범위하다. 경험적인 사례로 자동차 운전자의 '낯설게 하기'가 있다. 보통 자동차 운전자는 일정 속도 이상으로 운전을 할 때, 자신이 몰고 있는 자동차와 강하게 밀착되어 자동차의 속도, 움직임, 무게, 크기 등을 의식하지 않고, 마치 자신이 자동차의 일부가 된 것처럼 생각한다. 그러나 운전자가 자동차를 낯선 물체로 바라보기 시작하면, 자동차의 엔진소리, 쇳덩이의 무게, 차량 외부의 공기마찰

5 "우리 대부분은 마이클 레이Micheal Ray가 '판단의 목소리voice of judgement'라고 부르는 '두려움, 판단, 마음의 주절거림'에 마주치게 될 것이다. 스탠포드 경영대학원에서 아주 인기 있는 창의력creativity 과정을 창시한 레이는 3가지 가정을 제시했다. (1) 창의력이란 비즈니스를 포함한 삶의 모든 방면에서 건강, 행복 그리고 성공을 위해 아주 중요하다. (2) 우리는 모두 창의력을 갖고 있다. (3) 모든 사람들이 창의력을 갖고 있지만, '판단의 목소리'로 가려져 있다."

등을 느끼게 되고 자동차를 나의 일부가 아닌 차가운 쇳덩이로 인식하게 된다. 이에 따라 운전자는 거대한 기계가 자신을 싣고 도로 위를 빠른 속도로 달리고 있다는 사실에 불편함을 느끼게 된다. 이때 운전자는 평소에 인식하지 못했던 자동차 부품의 움직임과 차체의 구조를 이해할 수 있게 된다.

추상적인 사례로는 눈에 보이지 않는 사람들 간의 '관계'를 생각해 볼 수 있다. 일반적으로 사람들은 가족, 친구, 연인 등의 존재를 당연하게 생각하고 상대방의 생활패턴과 성격에 매우 익숙해져 있다. 그 이유는 이미 일정 기간 동안 만들어진 관계의 구조가 있고, 함께 공유하고 있는 기억과 감정 등이 있기 때문이다. 그런데 이러한 익숙함을 떨쳐내고 상대방을 바라보기 시작하면 그동안 발견하지 못했던 관계의 양상과 상대방의 새로운 모습을 발견하게 된다. 사람을 대상으로 하는 '낯설게 하기'는 의식적으로 상대방과의 밀착된 상태를 끊어내는 작업이 필요하므로 상당한 의지와 훈련이 요구된다.

과학적 세계에서도 '낯설게 하기'는 매우 중요하다. 특히 과학자는 자신의 눈과 도구를 통해서 본 것 외에는 과학적 발견을 할 수 있는 방법이 없기 때문에 과학자의 시각은 과학적 발견에 결정적이다(Kuhn 1962, 114). 앙투안 라부아지에Antoine Lavoisier는 친숙한 물질들을 낯설게 바라본 결과 산소를 발견하였다. 그는 당대의 학자들이 원소성의 흙을 보았던 곳에서 화합성의 광물을 보았다. 일반사람들이 전혀 새로운 물질을 포착하지 못했고, 조지프 프리스틀리Joseph Priestley가 빠져나간 공기를 발견한 곳에서 산소를 찾아냈다(Kuhn 1962, 118).

갈릴레오 갈릴레이Galileo Galilei는 기존의 과학자들과는 전혀 다른 시각으로 진자 운동을 설명하였다. 전통적인 아리스토텔레스주의자들은 무거운 물체가 자체적인 본성에 따라 높은 곳에서 낮은 곳으로 자연스럽게 떨어진다고 보았다. 물체가 자연스러운 정지상태를 찾아 낮은 곳으로 떨어진 것이다. 이 설명에 갇힌 아리스토텔레스주의자들은 물체의 본성만으로는 낙하하는 물체가 아닌, 앞뒤로 흔들리는 물체의 움직임을 설명할 수 없었다. 그러나 갈릴레이는 물체의 이동을 낯설게 보고 아리스토텔레스주의자들의 생각과는 완전히 다른 '진자 운동'이라는 새로운 개념을 만들어냈다. 이 새로운 개념을 통해 갈릴레이는 흔들리는 물체의 움직임을 설명할 수 있었다. 나아가 갈릴레이는 진자의 성질을 발견하여 물체의 무게와 낙하 속도 사이에 아무런 관계가 없다는 이론을 만드는 등 새로운 과학적 지식을 생산하였다(Kuhn 1962, 119-200).

또한 에너지의 형태를 발견한 막스 플랑크Max Planck는 에너지가 기존의 생각대로 매끄럽게 이어지지 않고 토막토막 덩어리져 있는 알갱이와 같은 형태이고 물이 아닌 모래 같다고 주장했다. 그러나 당시 과학사회는 플랑크의 발견을 수학적 결과물로만 간주하고 그가 제시한 에너지에 대한 새로운 이해를 거부하였다. 결국 그의 발견은 1905년 아인슈타인이 빛의 파동성이라는 견고한 패러다임을 깨뜨렸을 때 비로소 과학체계에 받아들여졌다. 나아가 아인슈타인은 더 진보된 에너지 이론을 만드는 계기를 마련했다(Akins 2006, 341-346).

4. '낯설게 하기'와 과학적 지식의 발견

익숙함에서 벗어나 낯설게 세계를 바라보는 일은 새로운 지식을 발견하는 데에 매우 중요하다. 익숙함은 대상을 바라보는 관찰자의 시각을 제한하여 과학적 발견을 가로막기 때문이다. 그러나 관찰자가 익숙한 대상을 낯설게 바라보면 과거에 보이지 않던 신세계가 열린다. 이전에 상상하지 못했던 깨달음이 오는 것이다. 새로운 시각으로 발견한 지식은 또 다른 지식의 발견으로 이어져 과학의 지평을 넓힌다.

익숙함에서 벗어나는 방법은 간단히 말해서 익숙한 세계를 의식적으로 낯설게 바라보는 작업이다. 먼저 본래의 나를 알고 익숙해진 대상을 파악하며 대상에 대한 집착을 버린다. 그리고 다시 과거의 익숙함으로 돌아가려는 습성을 제어하고 새로운 환경에 익숙해지려는 것을 경계하여 '낯설게 보기'를 한다. 낯설게 하는 일련의 과정은 순환적이다. 익숙해서 알아차리지 못했던 것이 낯설어졌을 때 새롭게 보이기 때문에 이 과정을 거치면서 사람은 세계를 더 깊이 이해하게 되고 본질에 더 가까이 다가간다.

과학사에서도 지금까지 혁명적인 변화를 가져온 발견은 대부분 익숙한 세계를 낯설게 바라본 결과였다. 과학자가 패러다임에서 벗어나 익숙한 현상이나 물질을 낯선 시각으로 바라볼 때, 놀라운 과학적 발견을 이루어낸다. 과학자는 비록 새로운 연구문제와 연구방법이 자신이 속한 과학체계에서 인정받지 못하고 동료 과학자들로부터 괄시를 받더라도 과학적 발견을 위해 익숙함으로부터 벗어나 끊임없이 질문을 던지고 과감한 시도를 해야 한다. 이러한 과학자들의 용기와 인내심, 대담함이 끊임없는 과학적 발견을 이루어가는 핵심적인 추동력이 될 것이다.

참고문헌

김웅진. 2005. 『과학헤게모니의 정치적 영상』. 서울: 청록출판사.

김웅진 외. 2011. 『과학의 진보와 창조성』. 파주: 한국학술정보.

양병호. 2003. "낯설게 하기의 시학". 『시문학』. 10월호. 시문학사.

이완근. "소설용어사전". 〈http://www.seelotus.com/gojeon/hyeon-dae/soseol/yongeo/0002-na.htm〉 (검색일 2012.11.24).

Atkins, Peter저 · 이한음 역. 2006. 『갈릴레오의 손가락: 과학의 10가지 위대한 착상들』. 서울: 이레.

Senge P., Scharmer O., Jaworski J. and Flowers B.저 · 현대경제연구원 역. 2006. 『미래, 살아있는 시스템』. 서울: 지식노마드.

Kuhn, Thomas. 1970. *The Structure of Scientific Revolution*. Chicago: University of Chicago Press.

______. 1977. *The Essential Tension*. Chicago and London: University of Chicago Press.

Lakatos, Imre. 1986. *The Methodology of Scientific Research Programmes*. Cambridge: Cambridge University Press.

Laudan, Larry. 1981. "A Problem-Solving Approach to Scientific Progress." I. Hacking, ed., *Scientific Revolution*, 144-155. Oxford: Oxford University Press.

국립국어원 표준국어대사전. 〈http://stdweb2.korean.go.kr〉 (검색일 2012.12.4).

찾아보기

(ㄱ)

(인명)

편 · 저자

김웅진 (ujkim@hufs.ac.kr)

- 한국외국어대학교 정치외교학과 교수
- 미국 University of Cincinnati 정치학 박사
- 전공분야: 사회과학방법론, 사회과학철학

문희재 (kvshinji@hufs.ac.kr)

- 한국외국어대학교 정치외교학과 석사과정
- 한국외국어대학교 정치학사
- 전공분야: 정치적 선택 및 연구방법론

박영득 (mercurome@gmail.com)

- 한국외국어대학교 정치외교학과 석사과정
- 한국외국어대학교 정치학사
- 전공분야: 정치행태

서용택 (bboyhope@gmail.com)

- 한국외국어대학교 정치외교학과 석사과정
- 한국외국어대학교 정치학사
- 전공분야: 인터넷 상의 정치행위 및 연구방법론

유성현 (wish9741@naver.com)

- 한국외국어대학교 정치외교학과 석사과정
- 한국외국어대학교 영어학사
- 전공분야: 국제정치

이서영 (jlovesy@hanmail.net)

- 한국외국어대학교 정치외교학과 박사과정
- 이화여자대학교 정치학사, 정치학 석사
- 전공분야: 사회과학방법론

정혜욱 (thom_yorke@naver.com)

- 한국외국어대학교 정치외교학과 박사과정
- 한국외국어대학교 스칸디나비아어학사, 정치학 석사
- 전공분야: 스칸디나비아 정치

과학의 경계와 지평: 과학철학적 담론

초판 인쇄 2013년 2월 15일
초판 발행 2013년 2월 25일

편·저자 김웅진
발행인 박 철
발행처 한국외국어대학교 출판부
130-791 서울특별시 동대문구 이문로 107
전화 02)2173-2495~7
FAX 02)2173-3363
홈페이지 http://press.hufs.ac.kr
전자우편 press@hufs.ac.kr

출판등록 제6-6호(1969. 4. 30)
디자인·편집 (주)이환디앤비 02)2254-4301
인쇄·제본 SM C&P 02)468-6100

ISBN 978-89-7464-759-9 93300 정가 12,000원